スッキリわかる
線形代数演習
―誤答例・評価基準つき―

皆本 晃弥 著

近代科学社

はじめに

本書は，その名の通り線形代数の演習書です．長年にわたり線形代数は，その重要さのゆえに，ほとんどの高専や大学で教えられており，線形代数の教科書や演習書も数多く出版されています．そのため，今回，新たに線形代数の演習書を出版する意義を述べておく必要があるでしょう．

高校までの教育を反映してか，多くの学生は，「例題を丸暗記して問題は解けるけど，その意味が分からない」，「自分は解けていると思うのだけど，先生は間違いだと言う理由が分からない」など，何となく釈然としない，すっきりしない，という感覚を残したまま，(何となく）単位を取得して（あるいは落して）しまいます．

筆者は，2000 年以降，学生の学力保証を行う教育を目指し，さまざまな教育方法や教材を開発し，実践してきました．その実践の 1 つとして行ったのが，学生にすっきり感を持たすために評価基準を明記し，誤答例を提示するというものでした．初学者はなぜ間違っているのか分からないものです．この「なぜ，間違っているのか？」という学生からの疑問になるべく答えるようにしました．こうすれば，学生自身が自らの誤りに気づくようになってきます．

これはある意味，教員側の手のうちを学生に教えることになるのですが，学生の学力を保証するという観点からは必要なことだと考え，思い切って実践してみました．この試みの一端は，すでに，拙著 [8]「よくわかる数値解析演習—誤答例・評価基準つき—」として出版されています．ただ，拙

著 [8] では，参考とはいえ，各問題の配点を明記したため，その数字が一人歩きした感があるので，本書では配点を明記しないことにしました．

また，高校で優秀な成績を修めるには，例題の解法をまねて類題を速くかつ正確に解くための反復練習が重要でした．これは本来の数学の勉強にあるべき姿ではありません．大学の数学では，このような反復練習よりも，概念の理解が重要視されます．概念を理解してはじめて，それらをいろいろな場面に利用しようと思えるのです．そのためには，「概念の理解」と「何のために線形代数を学ぶのか」という動機付けが重要となってきます．

以上のようなことを踏まえた上で，本書の特徴を以下にまとめます．

- 単純な計算問題だけでなく，基本的な概念を問うような問題も入れています．
- 概念の理解度を確認するために，間違い訂正問題，正誤問題（○×問題），穴埋め問題を用意しています．
- 「なぜ線形代数を学ぶのか？」という動機付けに関する内容や線形代数の応用例も問題として採り入れています．
- まとめ問題（第 6, 13 章）を除き，各章にある問題には詳しい解答と誤答例・評価基準をつけています．

ページ数の都合もあり，演習問題と第 6, 13 章の問題については略解のみを掲載しています．ページ数の都合だけでなく，これらの問題が課題や定期試験問題として出題されることを想定し，このようなスタイルをとることにしました．

学生の皆さんは，自ら演習問題やまとめ問題に取り組み，とにかく，自分なりの答えを出すように頑張って下さい．社会人になると，すぐに答えが出るような問題だけに遭遇することはめったにありません．ここで，不安に駆られながら答えを導き出したという経験は，大学や高専を卒業した後，未知の仕事に遭遇したときに，必ず役に立つことでしょう．

本書を教科書・参考書として採用された先生方へ

本書を教科書・参考書として採用された大学や高専の先生方には，別途，本書のすべての演習問題，第6章および第13章の詳細な解答例を販売しております．また，本書の内容のうち，定義，定理，問題，演習問題をスライド化したPDFファイルも別途販売しておりますので，購入をご希望の先生方は近代科学社にお問い合わせ下さい．

2006年8月

皆本 晃弥

目 次

第0章

線形代数を学ぶ心構え

Section 0.1

線形代数とは？

線形とは？

線形とは，英語の linear の訳で linear は「直線的」という意味である．原点を通る（つまり 0 を含む）直線は $f(x) = ax$（a は実数）であり，$f(x)$ は 3 つの数 x_1, x_2, k に対して，

(1) $f(x_1 + x_2) = a(x_1 + x_2) = ax_1 + ax_2 = f(x_1) + f(x_2)$

(2) $f(kx) = a(kx) = kax = kf(x)$

を満たす．ある関数 $f(x)$ が (1) と (2) を満たすとき，f は線形であるという．

代数とは？

多項式で表される方程式（これを代数方程式という）

$$a_n x^n + a_{n-1} x^{n-1} + \cdots + a_1 x + a_0 = 0$$

に関連する手法や理論のことを代数という．

直線のままでは，1 個のデータしか扱えない．そこで，大量のデータ，例えば n 個のデータ $(x_1, x_2, \ldots, x_n)$ をまとめて扱うために，(1) と (2) が成り立つような次の対応 f を考察することを考える．

$$(x_1, x_2, \ldots, x_n) \overset{f}{\mapsto} (y_1, y_2, \ldots, y_m)$$

【注意】 n と m は必ずしも一致しない．

線形代数とは？

1 次元の直線的な考え方を高次元にまで拡張して考えるのが**線形代数**である．線形代数の基礎となるのは，行列やベクトルの概念であり，代数的な考え方を使って演算を定義したり，さまざまな概念を抽象化したりする．

なお，(1) と (2) が成り立つような 2 つのベクトル間の対応 f を**線形写像**という．詳しくは第 8 章を参照のこと．

演習問題

演習問題 0.1
関数 $f(x) = ax + b$ が線形かどうか調べよ．

Section 0.2
線形代数の目的

本書における線形代数の目的は次の通りである．

- 連立一次方程式の理論化（連立一次方程式の一般的な解法はないのか？連立一次方程式はどのようなときに解けるのか？ という疑問に答える）$\Longrightarrow$ 第 I 部
- 線形性の概念を抽象化して，高次元のものにも線形写像を導入し，これを解析する．(線形写像が解析できれば，線形写像で表されるものすべてが解析できる）$\Longrightarrow$ 第 II 部

【注意】対象としている問題が複雑なとき，それを抽象化すれば問題の本質が分かるときがある．

より具体的には，第 I 部と第 II 部の主要テーマは次のようになる．

第 I 部の主要テーマ

- 行列と行列式の理論（行列と数ベクトル，ランクなど）
- 連立一次方程式の解法（の理論化）

第 II 部の主要テーマ

- 抽象ベクトルをどのように定義すればいいのか？(抽象ベクトル空間の導入)
  - 数列や関数などをベクトルとして扱いたい
  - 漸化式や微分などを線形写像として扱いたい
- 「大きさ」や「向き」に対応するものをどのように定義すればいいのか？(計量ベクトル空間の導入)
- 線形写像を行列で表すことができるか？ 表すことができるのなら，どうすれば最も単純な形にできるか？(線形写像の行列表現，行列の対角化，行列の標準化)

Section 0.3
線形代数が活躍している分野

- ビデオゲーム（キャラクタの動き）
- 映画（コンピュータグラフィックスによる処理）
- デジタルカメラや DVD などで使われている画像圧縮技術
- 自動車開発や地球環境予測のためのシミュレーション
- 経済動向予測
- 電子回路の設計
- 医療機器（CT スキャン，MRI など）

2つ以上のデータを同時に扱うときには線形代数は避けて通れない.

0.3.1　ベクトルと画像

コンピュータでは，画像をその最小単位である**画素**（または**ピクセル**）に分け，各画素における値を整数値で表す．通常，画素の値（**画素値**）が大きければ明るく，小さければ暗くして表示する．例えば，白黒濃淡画像の場合，画素値が256を白，0を黒，128を灰色として表示する．図1に256階調グレースケール画像の例を示す.

7	8	9	10	11	12	13	14
6	7	8	9	10	11	12	13
5	6	7	8	9	10	11	12
4	5	6	7	8	9	10	11
3	4	5	6	7	8	9	10
2	3	4	5	6	7	8	9
1	2	3	4	5	6	7	8
0	1	2	3	4	5	6	7

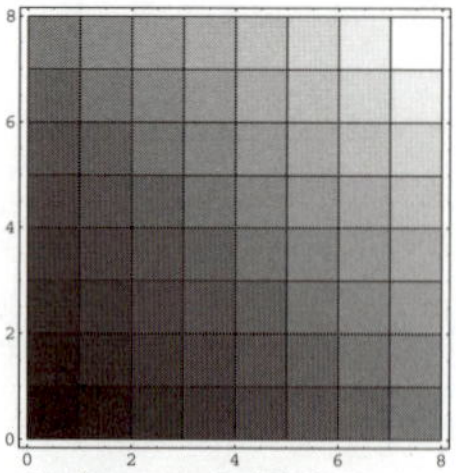

画素値と画像の関係（画素値が14を白，0を黒としている）

これらの数字をベクトルとして扱えば，画像はベクトルであるといえる.

図 1　256階調の画像例

0.3.2 CT スキャン

人体のまわりに角度を変えながら X 線を照射し，その測定結果をコンピュータに入力し，人体の内部を画像化するのが X 線 CT 装置（CT スキャン）である．CT スキャン画像を作成する際には，連立一次方程式の解法が重要な役割を果たす．

簡単のため，次のようなモデルを考えて，内部の値 w, x, y, z は未知で，測定値 $\alpha_1 \sim \alpha_6$ が分かっているものとする．

$$
\begin{array}{c}
\alpha_1 \leftarrow \boxed{\begin{array}{c|c} w & x \\ \hline y & z \end{array}} \\
\alpha_2 \leftarrow \\
\swarrow \quad \downarrow \quad \downarrow \quad \searrow \\
\alpha_3 \quad \alpha_4 \quad \alpha_5 \quad \alpha_6
\end{array}
$$

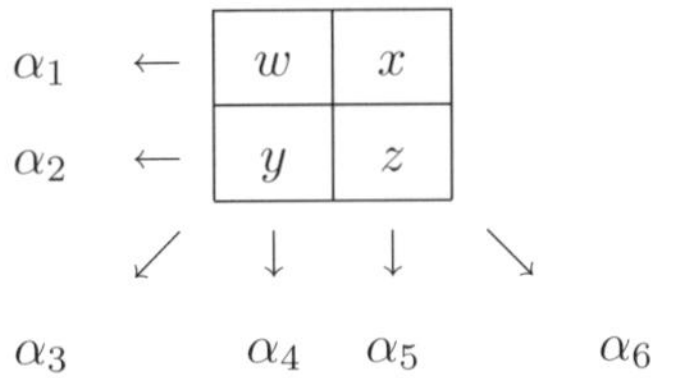

このとき，w, x, y, z を求めるためには，次の連立一次方程式を解けばよい．

$$w + x = \alpha_1, \quad y + z = \alpha_2, \quad x + y = \alpha_3,$$
$$w + y = \alpha_4, \quad x + z = \alpha_5, \quad w + z = \alpha_6$$

そして，得られた値を（例えば）256 階調に正規化して，グレースケール画像として出力すれば，モデル内部の様子が分かる．

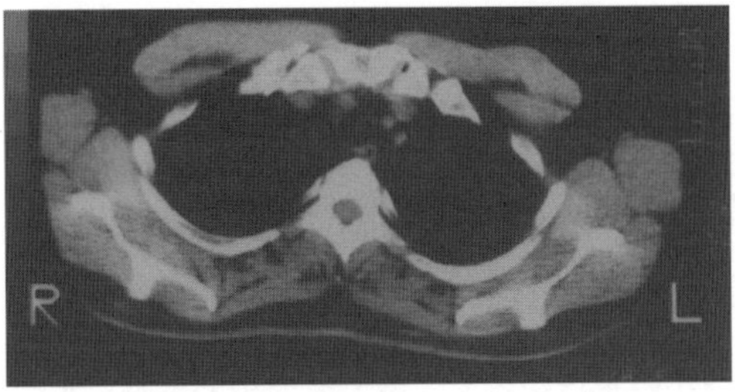

図 2　CT スキャン画像例

演習問題

演習問題 0.2
CT スキャンの例において，4 つの方程式

$$w + x = \alpha_1, \qquad y + z = \alpha_2, \qquad w + y = \alpha_4, \qquad x + z = \alpha_5$$

だけでは，w, x, y, z の値を定めることができない．これを確認せよ．

演習問題 0.3
コンピュータの発達により

行列の基本演算，行列式の計算，微分積分の計算

といった面倒な計算は人間がする必要はなくなってきた．
このことは，

- 数学の理論的な理解
- 数学的な諸概念の意味の理解

がますます重要になってくることを意味する．なぜか？ 各自で考えよ．

演習問題 0.4
線形代数が，どのような分野でどのように使われているのかを各自で調べよ．

Section 0.4
よく使う数学用語

定義 新しい何かをはっきり定めたもの．通常，why（なぜ），where（どこで），how（どのように）が考慮されていなければならない．また，A を B で定義する場合，A $\overset{\text{def}}{\Longleftrightarrow}$ B と書くことがある．

命題 (1) 真偽を問うことができる形の文章．

【例】「$x + y = 1$ ならば $xy = 1$」(偽)，「$x = 1$ ならば $x + x = 2$」(真)

(2) いくつかの定理が続くとき，その中でも特に重要なものを強調したい場合がある．このようなときは重要なものだけを定理と呼び，他の定理を命題と呼ぶことがある．

定理　それだけで意味のある主な結論で，通常は，証明がされていなければならない．

公理　証明の出発点となるべき命題．理論がかなり進んだ後に初めて公理が形成される．また，研究の発展と共に公理は変更されることがある．

補題・補助定理　定理を示すための補助的な結果．

系　定理，命題，補題からの直接的または容易に導くことができる結果．

第I部

行列と行列式

第1章

集合と写像

Section 1.1

集合

集合

定義 1.1． 考えている「もの」の「集まり」が数学で**集合**といわれるためには，通常，次の2つの条件を満たす必要がある．

(1) 集まりの範囲が客観的に明確なこと．

(2) 集まりの1つ1つの「もの」の異同が区別できること．

集合を構成する1つ1つの「もの」を**要素**または**元**という．そして，x が集合 A の要素であることを $x \in A$ と書く．

集合の表記

集合 A を表記するには2つの方法がある．

(1) 集合 A の要素を具体的に書く方法．

（例）$A = \{2, 4, 6, 8\}$

(2) 集合 A の条件を書く方法．

（例）$A = \{x | x$ は偶数で $1 \leq x < 10\}$

論理記号 $\Longrightarrow$

「条件 P が成り立てば条件 Q が成り立つ」を「$P \Longrightarrow Q$」と書く．また,「$P \Longrightarrow Q$ かつ $Q \Longrightarrow P$」を「$P \Longleftrightarrow Q$」あるいは「$P \overset{\text{iff}}{\Longleftrightarrow} Q$」と書く．

部分集合

定義 1.2． 2つの集合 A と B があって，A のすべての要素が B の要素となっているとき，すなわち，

$$x \in A \Longrightarrow x \in B$$

が成り立つとき，A は B の**部分集合**であるといい，$A \subset B$ または $A \subseteq B$ と表す．
また，$A \subseteq B$ かつ $B \subseteq A$ が成り立つとき，2つの集合 A と B は**等しい**といい，$A = B$ と表す．なお，$x \in A$ とか $A \subseteq B$ の否定を表すときには，これに斜線を引いて $x \notin A$ や $A \not\subseteq B$ などと表す．

共通集合・和集合

定義 1.3． 集合 A と B の**共通部分（共通集合）**を $A \cap B$，また，その**和集合**を $A \cup B$ で表す．すなわち，

$$A \cap B = \{x | x \in A \text{ かつ } x \in B\}$$
$$A \cup B = \{x | x \in A \text{ または } x \in B\}$$

代表的な集合

例 1.1 . $\mathbb{N}$ ： 自然数全体の集合，　$\mathbb{N} = \{1, 2, 3, \ldots\}$

$\mathbb{Z}$ ： 整数全体の集合，$\mathbb{Z} = \{\ldots -2, -1, 0, 1, 2, \ldots\}$

$\mathbb{Q}$ ： 有理数全体の集合，$\mathbb{Q} = \{\frac{q}{p} | p, q \in \mathbb{Z}, p \neq 0\}$

$\mathbb{R}$ ： 実数全体の集合，$\mathbb{R} = \{x | -\infty < x < \infty\}$

$\mathbb{C}$ ： 複素数全体の集合，$\mathbb{C} = \{x + iy | x, y \in \mathbb{R}\}$　　（i は虚数単位）

$\mathbb{Q}, \mathbb{R}, \mathbb{C}$ のように四則演算について閉じている数の集合のことを**体**と呼ぶので，$\mathbb{Q}$ を**有理数体**，$\mathbb{R}$ を**実数体**，$\mathbb{C}$ を**複素数体**と呼ぶことがある．

なお，ある集合に属する要素どうしの四則演算結果が再びその集合に属することを四則演算について**閉じている**という．また，複素数については第 9.1 節も参照すること．

集合

問題 1.1 . 以下の事柄が正しいか？ 理由を述べて答えよ．

(1) 「駅からあまり遠くない美味しいお店の集まり」は数学的に集合である．
(2) 「正方形全体の集まり」は数学的に集合である．
(3) 「整数全体の集まり」は数学的に集合である．
(4) 「美人の集まり」は数学的に集合である．

（解答）

(1) 集合ではない.「あまり遠くない」「美味しいお店」というものは人によってその評価が違うため.
(2) 集合である．正方形という集まりの範囲は客観的に明確で，各正方形の異同が辺の長さにより区別できるため.

(3) 集合である．整数という集まりの範囲は客観的に明確で，各整数の異同はその数の大きさにより区別できるため．

(4) 集合ではない．「美人」というのは人によってその評価が異なるため．

■

【評価基準・注意】==========================

- どの部分が「集まりの範囲が客観的に明確である」および「集まりの1つ1つのもの異同が区別可能」を満たしているか，あるいは満たしていないかについて言及していれば，表現が解答例のようになっていなくても正解とする．

==

和集合・共通集合

問題 1.2． 次の問に答えよ．

(1) $A = \{1, 2, 3, 4\}$, $B = \{3, 4, 5\}$ のとき，$A \cup B$ および $A \cap B$ を答えよ．

(2) $A = \{x | 0 < x < 2\}$, $B = \{x | 1 < x < 3\}$ のとき，$A \cup B$ および $A \cap B$ を答えよ．

（解答）

(1) $A \cup B = \{1, 2, 3, 4, 5\}$,　$A \cap B = \{3, 4\}$

(2) $A \cup B = \{x | 0 < x < 3\}$,　$A \cap B = \{x | 1 < x < 2\}$ ■

【評価基準・注意】==========================

- 記号の使い方が悪ければ0点．数学は言語なので，正しく書かなければ，相手に正しく伝わらない．
- {} が [ ] になっていないか？
- (2) において $A \cup B = \{0 < x < 3\}$ や $A \cap B = \{1 < x < 2\}$ となっていないか？ 条件だけを書いても何の集合か分からない．また，慣れないうちは，なるべく記号を省略しない方がよい．それが癖になってしまう．

==

Section 1.2
全称記号と存在記号

全称記号

定義 1.4． 「すべての x に対して $P(x)$ である」を「$\forall x\ P(x)$」と書く．例えば，「すべての x に対して $x \in A$ である」を「$\forall x \in A$」と書く．この $\forall$ を全称記号という．

存在記号

定義 1.5． 「ある x に対して $P(x)$ である」を「$\exists x\ P(x)$」と書く．例えば，「ある x に対して $x \in A$ である」を「$\exists x \in A$」と書く．この $\exists$ を存在記号という．

数学では「すべての x」を「任意の x」と呼ぶ場合がある．この言い方は数学独特のものである．また，全称記号・存在記号いずれの場合も同じ意味であれば日本語の表現方法にこだわらなくてもよい．例えば，「すべての x に対して」を「どのような x に対しても」と言ってもよい．

全称記号・存在記号の例（その 1）

例 1.2． 「すべての $x \in X$ に対して，$P(x)$ である」を「$\forall x \in X\ P(x)$」または「$P(x)\ \forall x \in X$」などと書き，「ある $x \in X$ に対して $P(x)$ である」，また，同じことではあるが「$P(x)$ となる $x \in X$ が存在する」を「$\exists x \in X\ P(x)$」と書く．

全称記号・存在記号の例（その 2）

例 1.3．「任意の $y \in Y$ に対して $y = f(x)$ となる $x \in X$ が存在する」というのは「$\forall y \in Y(\exists x \in X(y = f(x)))$」または「$\forall y \in Y, \exists x \in X, y = f(x)$」などと書ける．

全称記号・存在記号・論理記号

問題 1.3． 次の命題を全称記号，存在記号，論理記号 $\Longrightarrow$ および数全体を表す集合 $\mathbb{N}, \mathbb{Z}, \mathbb{Q}, \mathbb{R}, \mathbb{C}$ を用いて書け．

(1) すべての整数 x に対して，$x > 3$ ならば $x^2 > 9$ である．

(2) 任意の実数 a, b に対して，$a \neq 0$ ならば，$ax + b = 0$ を満たす実数 x が存在する．

（解答）

(1) $\forall x \in \mathbb{Z}(x > 3 \Longrightarrow x^2 > 9)$

(2) $\forall a, \forall b \in \mathbb{R}(a \neq 0 \Longrightarrow \exists x \in \mathbb{R}(ax + b = 0))$ ■

【評価基準・注意】 ==============================

- 原則として完全正答だが，丸括弧がなくても意味が一意に定まる場合は，丸括弧 ( ) がなくても正解とする．
- $\forall$ と $\exists$ を逆の意味に使っていないか？
- ${}^\forall x$ が $x^\forall$ となっていないか？
- $\forall$ や $\exists$ を書き忘れていないか？
- $\exists$ が E になっていないか？ $\forall$ が A になっていないか？
- $x \in \mathbb{R}$ が $x \ni \mathbb{R}$ や $x = \mathbb{R}$ となっていないか？また，$\mathbb{R}$ が R となっていないか？
- $\in$ が E になっていないか？
- (2) において「${}^\forall a, {}^\forall b \in \mathbb{R}$」を「${}^\forall a, b \in \mathbb{R}$」と書いてもよい．

==

■■■ 演習問題 ■■■■■■■■■■■■■■■■■■■■■■■■■

演習問題 1.1
次の命題を全称記号，存在記号，論理記号 $\Longrightarrow$ および数全体を表す集合 $\mathbb{N}, \mathbb{Z}, \mathbb{Q}, \mathbb{R}, \mathbb{C}$ を用いて書け．

(1) 全ての自然数 x, y に対して，$z = \frac{y}{x}$ となる有理数 z が存在する．
(2) 任意の整数 x, y に対して，$x < y$ ならば $x < z < y$ となる実数 z が存在する．

演習問題 1.2
次の命題を全称記号，存在記号，論理記号 $\Longrightarrow$ および数全体を表す集合 $\mathbb{N}, \mathbb{Z}, \mathbb{Q}, \mathbb{R}, \mathbb{C}$ を用いて書け．

(1) 任意の実数 x, y に対して，$x < y$ ならば $x < z < y$ となる有理数 z が存在する．
(2) 任意の整数 x と任意の自然数 y について $z = \frac{x}{y}$ を満たす有理数 z が存在する．

Section 1.3
写像

写像

定義 1.6 . 集合 A から集合 B への**写像** f とは，集合 A の任意の要素 x に対して集合 B の要素をただ 1 つ対応つける「規則」のことである．このとき，

$$f : A \to B \text{ とか } y = f(x)$$

と表す．$f : A \to B$ であるとき，集合 A を写像 f の**定義域**，B を f の**値域**という．
また，$\mathbb{R}$ や $\mathbb{N}$ といった数の集合に値をもつ写像を一般に**関数**という．

全射・単射

定義 1.7 . 写像 $f : A \to B$ が条件「$x \neq y \Longrightarrow f(x) \neq f(y)$」を満たすとき，$f$ は単射であるという．単射の対偶をとれば，「$f(x) = f(y) \Longrightarrow x = y$」となるので，これを単射の定義にしてもよい．
また，写像 $f : A \to B$ が条件「任意の $y \in B$ に対して $y = f(x)$ となる $x \in A$ が存在する」を満たすとき，f を全射という．
f が単射かつ全射であるとき，f を全単射という．

逆写像

定義 1.8 . f が全単射ならば，集合 A の要素と集合 B の要素が f によって過不足なく対応しているので，$f : A \to B$ の逆の対応 $g : B \to A$ が $y = f(x)$ のとき，$x = g(y)$ とすることによって，一通りに定まる．このの g を f の逆写像といい，f^{-1} と表す．

恒等写像

定義 1.9 . $\forall x \in A$ をそれ自身に写す写像を恒等写像といい，I または id_A と表す．つまり，次が成り立つ．

$$id_A(x) = x \qquad \forall x \in A$$

合成

定義 1.10． 2 つの写像 $f : A \to B$ と $g : B \to C$ が与えられているとする．このとき，$x \in A$ に対して $y = f(x)$ が決まるが，この y に対して $z = g(y)$ も決まる．
$x \in A$ に対して $z = g(f(x))$ を対応させる写像 $A \to C$ を f と g の**合成**といい，$g \circ f$ で表す．この記号を使うと，$f : A \to B$ が全単射のとき次が成り立つ．

$$f \circ f^{-1} = id_B, \qquad f^{-1} \circ f = id_A$$

制限写像

定義 1.11． 写像 $f : A \to B$ とその定義域 A の部分集合 A' があるとき，写像 f の定義域を A' に制限した写像

$$f|_{A'} : A' \to B$$

が $x \in A'$ に対して $f|_{A'}(x) = f(x)$ として定義される．$f|_{A'}$ を f の A' への**制限写像**という．

写像

問題 1.4． 集合 $A = \{a, b, c\}$ から集合 $B = \{x, y, z\}$ への対応を次の図 (1)~(3) のように定義したとき，(1)~(3) の対応は写像となっているか？ 理由を述べて答えよ．

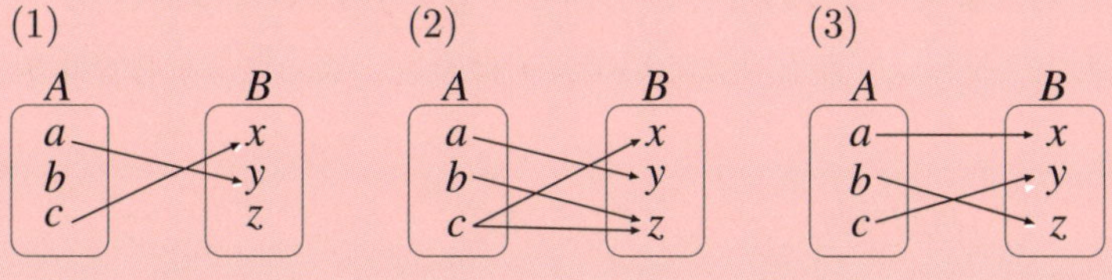

（解答）

(1) 写像ではない．要素 $b \in A$ に対応する B の要素がないため．
(2) 写像ではない．B の2つの要素 x と z が要素 $c \in A$ に対応しているため．
(3) 写像である．A のすべての要素が B のただ1つの要素と対応づけられているため．

■

全射・単射・全単射

問題 1.5． $f(x) = x^2$，$A = \{x \in \mathbb{R} | -1 \leq x \leq 1\} = [-1, 1]$，$B = \{x \in \mathbb{R} | 0 \leq x \leq 1\} = [0, 1]$ とする．このとき，次の写像 f が全射，単射，全単射であるかどうか調べ，その理由を答えよ．

(1) $f : A \to A$　　(2) $f : B \to B$

（解答）

(1) $-1 \leq f(x) < 0$ に対応する $x \in A$ が存在しないので f は全射ではない．また，例えば，$x_1 = \frac{1}{2}$，$x_2 = -\frac{1}{2}$ とすると $x_1 \neq x_2$ だが，$f(x_1) = f(x_2) = \frac{1}{4}$ なので，単射ではない．
(2) 任意の $x, y \in B$ に対して $x \neq y$ ならば $f(x) \neq f(y)$ となるので f は単射．また，任意の $y \in B$ に対して $y = f(x)$ となる $x \in B$，すなわち，$x = \sqrt{y}$ が存在するので，f は全射．よって，f は全単射．

■

【評価基準・注意】==============================

- 「理由を書いていないもの」や「ただ単にグラフを描いて，グラフより」としているものは説明になっていない．
- 漢字を間違えていないか？ 単斜，前射などと書いていないか？

==============================

演習問題

演習問題 1.3

写像 $f : A \to B$ が単射の定義として正しいものには○を，間違っているものには×をつけよ．

(1) $f(x) = f(y) \Longrightarrow x = y$　(2) $x = y \Longrightarrow f(x) = f(y)$

(3) $f(x) \neq f(y) \Longrightarrow x \neq y$　(4) $x \neq y \Longrightarrow f(x) \neq f(y)$

演習問題 1.4

次の事柄は正しいか？正しいものには○を，間違っているものには×をつけよ．

(1) 写像 $f : A \to B$ が全射ならば，f の逆写像 f^{-1} が存在する．

(2) 写像 $f : A \to B$ の逆写像 $f^{-1} : B \to A$ が存在するとする．このとき，$f \circ f^{-1} = id_A$ である．ここで，id_A は A 上の恒等写像とする．

(3) $f : \mathbb{Z} \to \mathbb{N} \cup \{0\}$ が $f(x) = |x|$ と与えられているとき，この f の $\mathbb{N}$ への制限写像を考えると，$f|_{\mathbb{N} \cup \{0\}} = id_{\mathbb{N} \cup \{0\}}$ である．

演習問題 1.5

次の関数が，全射，単射，全単射であるかどうかを調べよ．

(1) $f(n) = 2n, f : \mathbb{Z} \to \mathbb{Z}$

(2) $f(x) = 2x - 1, f : \mathbb{R} \to \mathbb{R}$

(3) $f(x) = e^x, f : \mathbb{R} \to \mathbb{R}$

(4) $f(x) = \sin x, f : \mathbb{R} \to \mathbb{R}$

第2章 数ベクトルと行列

Section 2.1 実数上の数ベクトル

数ベクトル

定義 2.1 . 自然数 n を固定して n 個の実数を縦に並べた列 $\boldsymbol{a} = \begin{bmatrix} a_1 \\ a_2 \\ \vdots \\ a_n \end{bmatrix}$ を $\mathbb{R}$ 上の n 次元**数ベクトル**または n 次元**実ベクトル**という.

ベクトルの呼び方

定義 2.2 . $\mathbb{R}$ 上の n 次元数ベクトル全体の集合を $\mathbb{R}^n$ と書いて，これを $\mathbb{R}$ 上の n 次元**数ベクトル空間**または n 次元**実ベクトル空間**という. また，このとき，$\mathbb{R}$ の要素のことを**スカラー**といい，$\mathbb{R}^2$ のベクトルのことを**平面ベクトル**，$\mathbb{R}^3$ のベクトルのことを**空間ベクトル**などと呼ぶ.

通常，ベクトルを表記するのに $\boldsymbol{a}, \boldsymbol{b}, \boldsymbol{x}, \boldsymbol{y}$ などのように太文字で表し，スカラーは a, b, x, y のように斜体で書く.

ベクトルの相等

定義 2.3．2つの n 次元数ベクトル $\boldsymbol{a}=\begin{bmatrix} a_1 \\ a_2 \\ \vdots \\ a_n \end{bmatrix}$, $\boldsymbol{b}=\begin{bmatrix} b_1 \\ b_2 \\ \vdots \\ b_n \end{bmatrix}$ について，$a_i=b_i$ がすべての $i=1,2,\ldots,n$ について成立するとき，これら2つの数ベクトル $\boldsymbol{a}$ と $\boldsymbol{b}$ は**等しい**といって，$\boldsymbol{a}=\boldsymbol{b}$ と表す．

和・スカラー倍

定義 2.4．2つの n 次元数ベクトル $\boldsymbol{a}=\begin{bmatrix} a_1 \\ a_2 \\ \vdots \\ a_n \end{bmatrix}$, $\boldsymbol{b}=\begin{bmatrix} b_1 \\ b_2 \\ \vdots \\ b_n \end{bmatrix}$ について，**和** $\boldsymbol{a}+\boldsymbol{b}$ を $\boldsymbol{a}+\boldsymbol{b}=\begin{bmatrix} a_1+b_1 \\ a_2+b_2 \\ \vdots \\ a_n+b_n \end{bmatrix}$ と定義する．また，$c\in\mathbb{R}$ による n 次元数ベクトル $\boldsymbol{a}$ の**スカラー倍** $c\boldsymbol{a}$ を $c\boldsymbol{a}=\begin{bmatrix} ca_1 \\ ca_2 \\ \vdots \\ ca_n \end{bmatrix}$ と定義する．

ベクトルの和とスカラー倍の性質

定理 2.1 . 数ベクトル $\boldsymbol{a}, \boldsymbol{b}$ とスカラー c, d について次の等式が成り立つ.

$$\boldsymbol{a}+\boldsymbol{b}=\boldsymbol{b}+\boldsymbol{a},\ (cd)\boldsymbol{a}=c(d\boldsymbol{a}),\ c(\boldsymbol{a}+\boldsymbol{b})=c\boldsymbol{a}+c\boldsymbol{b},\ (c+d)\boldsymbol{a}=c\boldsymbol{a}+d\boldsymbol{a}$$

零ベクトル・基本ベクトル

定義 2.5 . $\boldsymbol{0}=\begin{bmatrix}0\\0\\\vdots\\0\end{bmatrix}$ を零ベクトルと呼び, $\boldsymbol{e}_1=\begin{bmatrix}1\\0\\\vdots\\0\end{bmatrix}, \boldsymbol{e}_2=\begin{bmatrix}0\\1\\\vdots\\0\end{bmatrix}, \cdots,$

$\boldsymbol{e}_n=\begin{bmatrix}0\\0\\\vdots\\1\end{bmatrix}$, を n 次元基本ベクトルと呼ぶ.

$\mathbb{R}$ 上の数ベクトル空間と同様に, 複素数体 $\mathbb{C}$ または有理数体 $\mathbb{Q}$ 上の数ベクトル空間も考えることができる.

体上の数ベクトル

定義 2.6． K を $\mathbb{Q}, \mathbb{R}, \mathbb{C}$ のいずれかとする．n 個の K の要素を縦に並べた列 $\boldsymbol{a} = \begin{bmatrix} a_1 \\ \vdots \\ a_n \end{bmatrix}$ を K 上の n 次元数ベクトルと呼ぶ．

また，K 上の n 次元数ベクトル全体の集合を K^n と書いて，これを K 上の n 次元**数ベクトル空間**という．このときには，K の要素のことを**スカラー**という．

なお，$\mathbb{C}^n$ のことを n 次元**複素ベクトル空間**ということもある．

K 上の n 次元数ベクトル空間 K^n においても $\mathbb{R}^n$ の場合と全く同様にして 2 つの数ベクトルの和，スカラー倍が定義される．

ベクトルの演算

問題 2.1． $\begin{bmatrix} 1 \\ 2 \\ 3 \end{bmatrix} + \sqrt{2} \begin{bmatrix} \sqrt{2} \\ 1 \\ 3 \end{bmatrix}$ を計算せよ．

（解答）

$$\begin{bmatrix} 1 \\ 2 \\ 3 \end{bmatrix} + \sqrt{2} \begin{bmatrix} \sqrt{2} \\ 1 \\ 3 \end{bmatrix} = \begin{bmatrix} 1 \\ 2 \\ 3 \end{bmatrix} + \begin{bmatrix} 2 \\ \sqrt{2} \\ 3\sqrt{2} \end{bmatrix} = \begin{bmatrix} 3 \\ 2+\sqrt{2} \\ 3(1+\sqrt{2}) \end{bmatrix}$$

■

演習問題

演習問題 2.1

次のベクトルの和およびスカラー倍を計算せよ．

(1) $\begin{bmatrix} 1 \\ 0.5 \\ 2 \end{bmatrix} + \begin{bmatrix} 3 \\ 0 \\ 1.3 \end{bmatrix}$　　(2) $\sqrt{5}\begin{bmatrix} 1 \\ 0 \\ \sqrt{5} \end{bmatrix}$

演習問題 2.2

2 つのベクトル $\boldsymbol{a} = \begin{bmatrix} a_1 \\ \vdots \\ a_n \end{bmatrix}$, $\boldsymbol{b} = \begin{bmatrix} b_1 \\ \vdots \\ b_n \end{bmatrix}$ に対して，なぜ次式で定義されるようなベクトルの積 $\boldsymbol{a} * \boldsymbol{b}$ を考えないのか？ 各自で考察せよ．

$$\boldsymbol{a} * \boldsymbol{b} = \begin{bmatrix} a_1 b_1 \\ \vdots \\ a_n b_n \end{bmatrix} \tag{2.1}$$

Section 2.2
行列とその演算

行列

定義 2.7 . m と n を自然数とする．縦に m 個，横に n 個の数または文字 $a_{ij} (1 \leq i \leq m, 1 \leq j \leq n)$ を次のように並べて丸括弧または角括弧でくくったものを m 行 n 列の**行列**という．

$$A = \begin{bmatrix} a_{11} & a_{12} & \cdots & a_{1n} \\ a_{21} & a_{22} & \cdots & a_{2n} \\ \vdots & \vdots & \ddots & \vdots \\ a_{m1} & a_{m2} & \cdots & a_{mn} \end{bmatrix} = \begin{pmatrix} a_{11} & a_{12} & \cdots & a_{1n} \\ a_{21} & a_{22} & \cdots & a_{2n} \\ \vdots & \vdots & \ddots & \vdots \\ a_{m1} & a_{m2} & \cdots & a_{mn} \end{pmatrix}$$

行列 A を $A = [a_{ij}]$ や $A = (a_{ij})$ または $A = [a_{ij}]_{1 \leq i \leq m, 1 \leq j \leq n}$ や $A = (a_{ij})_{1 \leq i \leq m, 1 \leq j \leq n}$ のように略記することがある．

行列の成分

定義 2.8． m 行 n 列の行列を $m \times n$ **行列**，(m, n) **行列**あるいは**サイズが** $m \times n$ **の行列**などという．また，a_{ij} を行列 A の (i, j) **成分**という．

列ベクトル

定義 2.9． 行列 A の成分の縦に並んだ部分

$$\begin{bmatrix} a_{1j} \\ \vdots \\ a_{mj} \end{bmatrix}, \qquad j = 1, 2, \ldots, n$$

を A の**列**または**列ベクトル**といい，左から第1列，第2列，$\cdots$，第 n 列という．

行ベクトル

定義 2.10． 行列 A の成分の横に並んだ部分

$$[a_{i1} \ a_{i2} \ \ldots \ a_{in}], \qquad i = 1, 2, \ldots, m$$

を A の**行**あるいは**行ベクトル**といい，上から第1行，第2行，$\cdots$，第 m 行という．

なお，行ベクトルを表す場合は，$[a_{i1}, a_{i2}, \ldots, a_{in}]$ のようにカンマ (,) を入れることが多い．

要素に基づく呼び方

定義 2.11． すべての a_{ij} が整数のとき行列 $[a_{ij}]$ を**整数行列**，すべての a_{ij} が実数のとき行列 $[a_{ij}]$ を**実行列**，すべての a_{ij} が複素数のとき行列 $[a_{ij}]$ を**複素行列**という．

行列の相等

定義 2.12 . 2 つの $m \times n$ 行列 $A = [a_{ij}]$，$B = [b_{ij}]$ があるとき，この 2 つの行列サイズが一致していて，かつ $a_{ij} = b_{ij}$ が全ての $1 \leq i \leq m, 1 \leq j \leq n$ で成り立つとき，この 2 つの行列は**等しい**といって，$A = B$ と書く．

和・スカラー倍

定義 2.13 . 同じサイズの 2 つの行列 $[a_{ij}], [b_{ij}]$ とスカラー c に対して

$$\begin{bmatrix} a_{11} & \cdots & a_{1n} \\ \vdots & \ddots & \vdots \\ a_{m1} & \cdots & a_{mn} \end{bmatrix} + \begin{bmatrix} b_{11} & \cdots & b_{1n} \\ \vdots & \ddots & \vdots \\ b_{m1} & \cdots & b_{mn} \end{bmatrix} = \begin{bmatrix} a_{11} + b_{11} & \cdots & a_{1n} + b_{1n} \\ \vdots & \ddots & \vdots \\ a_{m1} + b_{m1} & \cdots & a_{mn} + b_{mn} \end{bmatrix}$$

$$c \begin{bmatrix} a_{11} & \cdots & a_{1n} \\ \vdots & \ddots & \vdots \\ a_{m1} & \cdots & a_{mn} \end{bmatrix} = \begin{bmatrix} ca_{11} & \cdots & ca_{1n} \\ \vdots & \ddots & \vdots \\ ca_{m1} & \cdots & ca_{mn} \end{bmatrix}$$

と定義する．特に，A の -1 倍を $-A$ で表す．

行列の積

定義 2.14 . $m \times n$ 行列 $A = [a_{ij}]$ と $n \times r$ 行列 $B = [b_{ij}]$ に対して

$$c_{ij} = a_{i1}b_{1j} + a_{i2}b_{2j} + \cdots + a_{in}b_{nj} = \sum_{k=1}^{n} a_{ik}b_{kj}$$

を (i, j) 成分とする $m \times r$ 行列 $C = [c_{ij}]$ を A と B の**積**といい AB で表す．

行列の和とスカラー倍の性質

定理 2.2 . A が $m \times n$ 行列，B と C が $n \times r$ 行列であり，c がスカラーのとき，次式が成立する．

(1) $A(cB) = c(AB)$　　(2) $A(B + C) = AB + AC$

また，A と B が $m \times n$ 行列，C が $n \times r$ 行列のとき，次式が成立する．

(3) $(A + B)C = AC + BC$

行列の積の結合法則

定理 2.3 . A が $m \times n$ 行列，B が $n \times r$ 行列，C が $r \times s$ 行列であるとき，$(AB)C = A(BC)$ が成立する．

ブロック分割

定義 2.15 . $m \times n$ 行列 A を次のように rs 個のブロックに分ける．

$$A = \begin{bmatrix} A_{11} & A_{12} & \cdots & A_{1s} \\ A_{21} & A_{22} & \cdots & A_{2s} \\ \vdots & \vdots & \cdots & \vdots \\ A_{r1} & A_{r2} & \cdots & A_{rs} \end{bmatrix}$$

これを行列 A の**ブロック分割**といい，各ブロックから得られる行列 A_{ij} を A の**小行列**という．

ブロック分割された行列の和，スカラー倍，および積は各ブロックの小行列を成分とみなして演算が可能ならば，ブロックごとに演算ができる．

行列の演算

問題 2.2． $A = \begin{bmatrix} 6 & -8 \\ 2 & 6 \\ 8 & 5 \end{bmatrix}$, $B = \begin{bmatrix} 4 & 6 \\ -7 & 0 \\ 3 & 2 \end{bmatrix}$, $C = \begin{bmatrix} 1 & 4 & 5 \\ 2 & 4 & 6 \\ 0 & 0 & 3 \end{bmatrix}$, $D = \begin{bmatrix} 1 & 0 & 1 \\ 1 & 1 & 0 \end{bmatrix}$ とする．このとき，次の (1)〜(4) の計算は定義可能か？可能ならばその行列を求め，不可能ならばその理由を述べよ．

(1) $3A - B$　　(2) $A - C$　　(3) AB　　(4) AD

（解答）

(1) $3A - B = \begin{bmatrix} 18 & -24 \\ 6 & 18 \\ 24 & 15 \end{bmatrix} - \begin{bmatrix} 4 & 6 \\ -7 & 0 \\ 3 & 2 \end{bmatrix} = \begin{bmatrix} 14 & -30 \\ 13 & 18 \\ 21 & 13 \end{bmatrix}$

(2) 行列 A と行列 C のサイズが異なるので行列の和（差）の演算は定義できない．

(3) 行列 A の列数と行列 B の行数が異なるので行列の積は定義できない．

(4)

$$AD = \begin{bmatrix} 6\times1+(-8)\times1 & 6\times0+(-8)\times1 & 6\times1+(-8)\times0 \\ 2\times1+6\times1 & 2\times0+6\times1 & 2\times1+6\times0 \\ 8\times1+5\times1 & 8\times0+5\times1 & 8\times1+5\times0 \end{bmatrix}$$

$$= \begin{bmatrix} -2 & -8 & 6 \\ 8 & 6 & 2 \\ 13 & 5 & 8 \end{bmatrix}$$

■

【評価基準・注意】==

- (2) において次のようなものは理由になっていない．
  - 3×2 行列と 3×3 行列では演算ができない．(どうして？)
  - A は 3×2 行列で，B は 3×3 なので演算ができない．(どうして？)
  - 行と列の関係上，演算ができない．(関係って何？)
  - また,「次元が異なるから」「型が異なるから」というのは用語の使い方が間違えているので注意せよ．
- (3) において次のようなものは理由になっていない．
  - A が 3×2 行列で B も 3×2 行列なので積は定義できない．(どうして?)
  - 行と列の関係上，積ができない．(関係って何？)
  - 行と列のサイズが異なるので積は定義できない．(サイズが異なるってどういうこと？ 2 つの行列サイズが異なっていても積が定義できる場合はあるよ)
  - サイズが合わないので積が定義できない．(サイズが合わないとはどういう意味？)

==

行列のブロック分割

問題 2.3． $A = \begin{bmatrix} 1 & 2 & 3 & 4 \\ 5 & 6 & 0 & 1 \\ 0 & 0 & 1 & 0 \end{bmatrix}$, $B = \begin{bmatrix} 1 & 2 \\ 0 & 1 \\ 1 & 0 \\ 0 & 0 \end{bmatrix}$ を適当に分割して積 AB を求めよ．

(解答)

例えば，$A = \left[\begin{array}{ccc|c} 1 & 2 & 3 & 4 \\ 5 & 6 & 0 & 1 \\ \hline 0 & 0 & 1 & 0 \end{array}\right] = \begin{bmatrix} A_{11} & A_{12} \\ A_{21} & A_{22} \end{bmatrix}$,

$$B = \left[\begin{array}{c|c} 1 & 2 \\ 0 & 1 \\ 1 & 0 \\ \hline 0 & 0 \end{array}\right] = \begin{bmatrix} B_{11} & B_{12} \\ B_{21} & B_{22} \end{bmatrix}$$ と分割すると,

$$AB = \begin{bmatrix} A_{11}B_{11} + A_{12}B_{21} & A_{11}B_{12} + A_{12}B_{22} \\ A_{21}B_{11} + A_{22}B_{21} & A_{21}B_{12} + A_{22}B_{22} \end{bmatrix}$$

である.

$$A_{11}B_{11} + A_{12}B_{12} = \begin{bmatrix} 1 & 2 & 3 \\ 5 & 6 & 0 \end{bmatrix} \begin{bmatrix} 1 \\ 0 \\ 1 \end{bmatrix} + \begin{bmatrix} 4 \\ 1 \end{bmatrix} [0] = \begin{bmatrix} 4 \\ 5 \end{bmatrix} + \begin{bmatrix} 0 \\ 0 \end{bmatrix} = \begin{bmatrix} 4 \\ 5 \end{bmatrix}$$

$$A_{11}B_{12} + A_{12}B_{22} = \begin{bmatrix} 1 & 2 & 3 \\ 5 & 6 & 0 \end{bmatrix} \begin{bmatrix} 2 \\ 1 \\ 0 \end{bmatrix} + \begin{bmatrix} 4 \\ 1 \end{bmatrix} [0] = \begin{bmatrix} 4 \\ 16 \end{bmatrix} + \begin{bmatrix} 0 \\ 0 \end{bmatrix} = \begin{bmatrix} 4 \\ 16 \end{bmatrix}$$

$$A_{21}B_{11} + A_{22}B_{21} = \begin{bmatrix} 0 & 0 & 1 \end{bmatrix} \begin{bmatrix} 1 \\ 0 \\ 1 \end{bmatrix} + [0][0] = 1 + 0 = 1$$

$$A_{21}B_{12} + A_{22}B_{22} = \begin{bmatrix} 0 & 0 & 1 \end{bmatrix} \begin{bmatrix} 2 \\ 1 \\ 0 \end{bmatrix} + [0][0] = 0 + 0 = 0$$

なので,

$$AB = \begin{bmatrix} 4 & 4 \\ 5 & 16 \\ 1 & 0 \end{bmatrix}$$

■

【評価基準・注意】==============================

- ブロック分割せずに求めた場合は0点．問題の要求に応えていない．
- 解答例以外の分割をしても構わない．

==============================

■■■ 演習問題 ■■■■■■■■■■■■■■■■■■■■■■

演習問題 2.3

行列 $A = \begin{bmatrix} -1 & 3 \\ 1 & 5 \\ 3 & -2 \end{bmatrix}$ と $B_i (i = 1, 2, 3, 4, 5, 6)$ との積 AB_i が定義されるものを $B_1 \sim B_6$ からすべて選び，各々の場合に計算せよ．

$$B_1 = \begin{bmatrix} 2 & 1 \\ -3 & 4 \end{bmatrix}, \quad B_2 = \begin{bmatrix} 2 & -3 \\ -4 & 1 \\ 5 & 1 \end{bmatrix}, \quad B_3 = \begin{bmatrix} 3 & 2 & -4 \\ -4 & 1 & 3 \end{bmatrix}$$

$$B_4 = \begin{bmatrix} 1 \\ 2 \\ -1 \end{bmatrix}, \quad B_5 = \begin{bmatrix} 4 & -1 & 3 \end{bmatrix}, \quad B_6 = \begin{bmatrix} 2 \\ 1 \end{bmatrix}$$

演習問題 2.4

$A = \begin{bmatrix} 4 & 0 & 5 \\ -1 & 3 & 2 \end{bmatrix}$, $B = \begin{bmatrix} 1 & 1 & 1 \\ 3 & 5 & 7 \end{bmatrix}$, $C = \begin{bmatrix} 2 & -3 \\ 0 & 1 \end{bmatrix}$, $D = \begin{bmatrix} 1 \\ 2 \\ 3 \end{bmatrix}$ とする．

このとき，次の (1)〜(5) の計算が定義可能ならば，その行列を求め，不可能ならばその理由を述べよ．

(1) $A - 2B$　　(2) $A + C$　　(3) AC　　(4) BD　　(5) CB

演習問題 2.5

行列 A を次のように分割した．$A = \left[\begin{array}{ccc|cc} 2 & -3 & 1 & 0 & -4 \\ 1 & 5 & -2 & 3 & -1 \\ \hline 0 & -4 & -2 & 7 & -1 \end{array}\right] = \begin{bmatrix} A_{11} & A_{12} \\ A_{21} & A_{22} \end{bmatrix}$

このとき，$B = \begin{bmatrix} 6 & 4 \\ -2 & 1 \\ -3 & 7 \\ -1 & 3 \\ 5 & 2 \end{bmatrix}$ を適当に分割して積 AB をブロック毎の計算によって求めよ．

演習問題 2.6

なぜ，行列の積を定義 2.14 のように決めるのか考えてみよ．

Section 2.3
いろいろな行列

零行列

定義 2.16 . 全ての成分が 0 である $m \times n$ 行列を**零行列**といい，O_{mn} で表す．なお，文脈によって，そのサイズが明らかな場合は，単に O と表すことがある．
また，任意の $m \times n$ 行列 A について

$$A + O_{mn} = O_{mn} + A = A, \quad AO_{nr} = O_{mr}, \quad O_{sm}A = O_{sn} \quad (2.2)$$

が成り立つ．

正方行列

定義 2.17 . 行と列が等しい行列，$n \times n$ 行列を n 次**正方行列**という．簡単に，n **次行列**ということもある．

べき乗

定義 2.18 . A が n 次正方行列のときは，A とそれ自身の積 AA を考えることができるので，それを A^2 と書く．帰納的に，

$$A^3 = A^2A, \quad A^4 = A^3A, \quad \cdots, \quad A^r = A^{r-1}A$$

などと表し，A^r を A の**べき乗**または r **乗**という．

対角行列

定義 2.19 . n 次正方行列 $A = [a_{ij}]$ において，対角線上に並ぶ成分 $a_{11}, a_{22}, \ldots, a_{nn}$ を**対角成分**という．また，対角成分以外の成分がすべて 0 である行列を**対角行列**といい，$diag(a_{11}, a_{22}, \ldots, a_{nn})$ と表すことがある．

単位行列

定義 2.20 . 対角成分がすべて 1 で，それ以外の成分がすべて 0 である n 次正方行列を n 次**単位行列**といい，E_n と書く．文脈によってそのサイズが明らかな場合は，単に E とも表す．また，任意の n 次正方行列 A に対して

$$AE_n = E_nA = A \tag{2.3}$$

が成り立つ．なお，単位行列は，これを写像と見なした場合，恒等写像（id や I と書く）に対応するので，E_n を I_n と書いたり，単に I と書いたりする場合もある．

クロネッカーのデルタ

定義 2.21 . 次のように定義される記号 δ_{ij} を**クロネッカーのデルタ**（記号）という．

$$\delta_{ij} = \begin{cases} 1 & (i = j) \\ 0 & (i \neq j) \end{cases}$$

単位行列 E_n は δ_{ij} を (i, j) 成分とする行列 $[\delta_{ij}]$ に他ならない．すなわち，$E_n = [\delta_{ij}]$ である．

行列単位

定義 2.22． 自然数 i, j を $1 \leq i \leq m$, $1 \leq j \leq n$ とするとき，n 次正方行列で，その (k, l) 成分が $\delta_{ki}\delta_{jl}$ であるような行列を E_{ij} で表し，これを $m \times n$ **行列単位**という．E_{ij} の成分は (i, j) 成分のみが 1 で，その他の成分はすべて 0 である．なお，$m = n$ のとき，n **次行列単位**という．

転置行列

定義 2.23． $m \times n$ 行列 $A = [a_{ij}]$ に対して行と列を入れ換えた $n \times m$ 行列を行列 A の**転置行列**といい，${}^tA$ と表す．
A の (i, j) 成分が a_{ij} のとき，${}^tA$ の (i, j) 成分は a_{ji} である．

転置行列の性質

定理 2.4． A と B を $m \times n$ 行列，α をスカラーとするとき，次の等式が成り立つ．
(1) ${}^t({}^tA) = A$　　(2) ${}^t(A + B) = {}^tA + {}^tB$　　(3) ${}^t(\alpha A) = \alpha {}^tA$
さらに，A を $m \times n$ 行列，B を $n \times r$ 行列とすると

$$
{}^t(AB) = {}^tB\,{}^tA
$$

が成り立つ．

対称行列・交代行列

定義 2.24． ${}^tA = A$ を満たす正方行列 A を**対称行列**といい，${}^tA = -A$ を満たす正方行列 A を**交代行列**という．

トレース

定義 2.25． n 次正方行列 $A = [a_{ij}]$ の対角成分全ての和を A の**トレース**といい，$\mathrm{tr}A$ という記号で表す．

$$\mathrm{tr}A = a_{11} + a_{22} + \cdots + a_{nn} = \sum_{i=1}^{n} a_{ii}$$

トレースの性質

定理 2.5． 2 つの n 次正方行列 A, B およびスカラー α に対して次の等式が成り立つ．

(1) $\mathrm{tr}(A \pm B) = \mathrm{tr}A \pm \mathrm{tr}B$　(2) $\mathrm{tr}(\alpha A) = \alpha \mathrm{tr}A$

(3) $\mathrm{tr}(AB) = \mathrm{tr}(BA)$　(4) $\mathrm{tr}({}^t A) = \mathrm{tr}A$

転置行列の性質

問題 2.4． $A = [a_{ij}]$ が $m \times n$ 行列，$B = [b_{ij}]$ が $n \times r$ 行列であるとき，${}^t(AB) = {}^tB\,{}^tA$ が成り立つことを示せ．

（解答）

${}^tA = [a'_{ij}]$, ${}^tB = [b'_{ij}]$ とすると，$a'_{ij} = a_{ji}$, $b'_{ij} = b_{ji}$ である．

AB の (i, j) 成分 $= \sum_{k=1}^{n} a_{ik} b_{kj}$ なので，

$${}^t(AB) \text{ の } (i,j) \text{ 成分} = \sum_{k=1}^{n} a_{jk} b_{ki} = \sum_{k=1}^{n} a'_{kj} b'_{ik} = \sum_{k=1}^{n} b'_{ik} a'_{kj} = {}^tB\,{}^tA$$

である．■

【評価基準・注意】＝＝＝＝＝＝＝＝＝＝＝＝＝＝＝＝＝＝＝＝＝＝＝＝＝＝

- 証明の方針が合っていれば，その記述の程度に応じて部分点あり．ここでいう証明の方針とは，(i, j) 成分に着目して積の形を見ることを指す．一般の n 次正方行列に対して全ての成分を書き下すのは無理だし，間違いの素になる．

- 両辺に ${}^t(A^{-1}B^{-1})$ を掛けて単位行列 E_n になることを示しても意味がない．この計算の途中で証明すべき結果 ${}^t(AB) = {}^tB\,{}^tA$ を使うことになってしまう．
- 特定の行列を掛けて議論しても意味がない．任意の行列 X に対して「$(A-B)X = O \Longrightarrow A = B$」がいえるが，特定の行列 X ではこのようなことはいえない．例えば，$A = \begin{bmatrix} 1 & 1 \\ 0 & 1 \end{bmatrix}$, $B = \begin{bmatrix} 1 & 1 \\ 1 & 0 \end{bmatrix}$ とすると $A \neq B$ だが，$X = \begin{bmatrix} 1 & 1 \\ 1 & 1 \end{bmatrix}$ に対して $(A-B)X = O$ となる．
- 行列サイズを議論しても意味がない．また，具体的に 2 次正方行列や 3 次正方行列で議論してもここでは意味がない．

==================================

いろいろな行列

問題 2.5．$A = \begin{bmatrix} 1 & 2 & 3 \\ 4 & 5 & 6 \end{bmatrix}$, $B = \begin{bmatrix} 1 & 2 & 3 \\ 4 & 5 & 6 \\ 7 & 8 & 9 \end{bmatrix}$, $C = \begin{bmatrix} 1 & 2 & 3 \\ a & 5 & 6 \\ b & c & 9 \end{bmatrix}$,

$D = \begin{bmatrix} 0 & 1 & -2 \\ d & 0 & 3 \\ e & f & 0 \end{bmatrix}$ とし，δ_{ij} をクロネッカーのデルタ記号とする．このとき，次の問に答えよ．

(1) A と B の転置行列 ${}^tA$ と ${}^tB$ が存在すれば，それを求めよ．

(2) A と B の対角成分が存在すればそれを求め，さらにトレースを求めよ．

(3) $\delta_{11} + 2\delta_{12} + 3\delta_{21} + 4\delta_{22}$ を求めよ．

(4) C が対称行列になるように a, b, c を定めよ．

(5) D が交代行列になるように d, e, f を定めよ．

（解答）

(1) 行と列を入れ換えればいいので，$^tA = \begin{bmatrix} 1 & 4 \\ 2 & 5 \\ 3 & 6 \end{bmatrix}$，

$^tB = \begin{bmatrix} 1 & 4 & 7 \\ 2 & 5 & 8 \\ 3 & 6 & 9 \end{bmatrix}$ である．

(2) A は正方行列ではないので対角成分は存在しない．一方，B の対角成分は $1, 5, 9$ なので $\mathrm{tr}(B) = 1 + 5 + 9 = 15$ である．

(3) $\delta_{11} = \delta_{22} = 1$, $\delta_{12} = \delta_{21} = 0$ なので
$\delta_{11} + 2\delta_{12} + 3\delta_{21} + 4\delta_{22} = 1 + 4 = 5$ である．

(4) $^tC = C$ となればいいので，$\begin{bmatrix} 1 & a & b \\ 2 & 5 & c \\ 3 & 6 & 9 \end{bmatrix} = \begin{bmatrix} 1 & 2 & 3 \\ a & 5 & 6 \\ b & c & 9 \end{bmatrix}$ を満たす a, b, c を求めればよい．この関係より，$a = 2$, $b = 3$, $c = 6$ である．

(5) $^tD = -D$ となればいいので，$\begin{bmatrix} 0 & d & e \\ 1 & 0 & f \\ -2 & 3 & 0 \end{bmatrix} = \begin{bmatrix} 0 & -1 & 2 \\ -d & 0 & -3 \\ -e & -f & 0 \end{bmatrix}$ を満たす d, e, f を求めればよい．この関係より，$d = -1$, $e = 2$, $f = -3$ である．

■

トレース

問題 2.6． トレースを考えて $AB - BA = E_n$ となる n 次正方行列 A, B は存在しないことを示せ．

（解答）

トレースの性質より $\mathrm{tr}(AB - BA) = \mathrm{tr}(AB) - \mathrm{tr}(BA) = 0$，$\mathrm{tr}(E_n) = n$ なので $\mathrm{tr}(AB - BA) \neq \mathrm{tr}(E_n) = n$ である．

よって，$AB - BA = E_n$ となる n 次正方行列は存在しない． ■

【評価基準・注意】==================================

- トレースの性質を用いていないものは 0 点とする．出題の要求に答えていない．
- $n = 2$ や $n = 3$ で証明してはいけない．ここでは，n 次正方行列で示すことを要求している．
- $\mathrm{tr}(AB) = \mathrm{tr}(BA)$ は成り立つが，だからといって $AB = BA$ が成り立つわけではない．

==

■■■ 演習問題 ■■■■■■■■■■■■■■■■■■■■■■■■

演習問題 2.7

E_{ij} を行列単位とする．このとき，行列 $A = \begin{bmatrix} -4 & -1 & 4 \\ 1 & 0 & 7 \end{bmatrix}$ を E_{ij} で表せ．

演習問題 2.8

$A = \begin{bmatrix} 1 & 4 & 5 \\ a & 2 & 6 \\ b & c & 3 \end{bmatrix}$, $B = \begin{bmatrix} 0 & 1 & 2 \\ d & 0 & 3 \\ e & f & 0 \end{bmatrix}$ とする．このとき，A, B がそれぞれ対称行列，交代行列になるように a〜f の値を定めよ．

演習問題 2.9

任意の $m \times n$ 行列 A に対し，$A\,{}^tA$ および ${}^tAA$ は対称行列であることを示せ．

演習問題 2.10

n 次正方行列 A, B, C, D に対して

$$ {}^t(ABCD) = {}^tD\,{}^tC\,{}^tB\,{}^tA $$

を示せ．

Section 2.4
逆行列

逆行列

定義 2.26 . n 次正方行列 A に対して次の条件を満たす n 次正則行列 X が存在するとき，この X を A の逆行列といって，A^{-1} と表す.

$$AX = XA = E_n \tag{2.4}$$

正則行列

定義 2.27 . n 次正方行列 A に逆行列 A^{-1} が存在するとき，A を正則行列という.

正則行列とトレース

問題 2.7 . A が n 次正方行列，P が n 次正則行列のとき，$\mathrm{tr}(P^{-1}AP) = \mathrm{tr}A$ が成り立つことを示せ.

(解答)

2つの n 次正方行列 B, C に対して $\mathrm{tr}(BC) = \mathrm{tr}(CB)$ が成り立つので，$B = P^{-1}$，$C = AP$ として，

$$\mathrm{tr}(P^{-1}AP) = \mathrm{tr}(APP^{-1}) = \mathrm{tr}A$$

■

【評価基準・注意】==============================

- $\mathrm{tr}(P^{-1}AP)$ を $\mathrm{tr}(PP^{-1}A)$ としてもよいが，$\mathrm{tr}(P^{-1}PA)$ としているものは 0 点.
- 一般には「$\mathrm{tr}(A)\mathrm{tr}(B) \neq \mathrm{tr}(AB)$」である．例えば，$A = \begin{bmatrix} 1 & 0 \\ 0 & 0 \end{bmatrix}$, $B = \begin{bmatrix} 1 & 0 \\ 0 & 1 \end{bmatrix}$ とすると，$\mathrm{tr}(A) = 1, \mathrm{tr}(B) = 2$ だが，$AB = A$ なので $\mathrm{tr}(AB) = 1$ である.
- 「$\mathrm{tr}(AB) \neq A\mathrm{tr}(B)$」であることに注意．$A$ が行列のとき，$\mathrm{tr}(A)$ はスカラーであることに注意せよ．常に，各変数が何を表しているかを意識しておかなければならない.
- 「$\mathrm{tr}(AB) = \mathrm{tr}(BA) \Longrightarrow AB = BA$」,
「$\mathrm{tr}(A) = \mathrm{tr}(B) \Longrightarrow \mathrm{tr}(AX) = \mathrm{tr}(BX)$」,
「$\mathrm{tr}(A) = \mathrm{tr}(B) \Longrightarrow \mathrm{tr}(XA) = \mathrm{tr}(XB)$」は成り立たない.
したがって，$\mathrm{tr}(AP) = \mathrm{tr}(PA)$ を示しても $\mathrm{tr}(P^{-1}AP) = \mathrm{tr}(P^{-1}PA)$ を導いたことにはならない.
- $A = P^{-1}AP$ が成立するとはどこにも書いていないし，一般には成り立たないので，この関係を使って証明してはいけない.
- 2 次行列や 3 次行列で証明してはいけない．ここでは n 次行列に対する証明を求めている.
- 一般には $\mathrm{tr}(A)\mathrm{tr}(B) \neq \mathrm{tr}(AB)$ なので，$\mathrm{tr}(P^{-1})$ や $\mathrm{tr}(P)$ を与式の左右に掛けても意味がない．また，両辺に P や P^{-1} を掛けることも意味がない.
- 一般に「$\mathrm{tr}(XA) = \mathrm{tr}(XB) \Longrightarrow \mathrm{tr}(A) = \mathrm{tr}(B)$」は成立しない．例えば，$X = \begin{bmatrix} 0 & 0 \\ 1 & 0 \end{bmatrix}$, $A = \begin{bmatrix} 0 & 0 \\ 1 & 0 \end{bmatrix}$, $B = \begin{bmatrix} 0 & 1 \\ 1 & 0 \end{bmatrix}$ を考えよ.

==============================

逆行列の性質

問題 2.8 . n 次正方行列 A と B が共に正則行列であるとすると，その積 AB も正則で，その逆行列は，

$$(AB)^{-1} = B^{-1}A^{-1}$$

で与えられることを示せ.

(解答)

$(AB)X = X(AB) = E_n$ となる X の存在を示せばよい.

$$\begin{aligned} AB(B^{-1}A^{-1}) &= A(BB^{-1})A^{-1} = AA^{-1} = E_n \\ (B^{-1}A^{-1})AB &= B^{-1}(A^{-1}A)B = B^{-1}B = E_n \end{aligned}$$

なので, AB は正則で, $(AB)^{-1} = B^{-1}A^{-1}$ が成り立つ. ■

【評価基準・注意】 ==

- 行列の積を $A \times B$ と書かないようにせよ.
- 2 次正方行列や 3 次正方行列で示しても意味がない. ここでは n 次正方行列で示すことを要求している.
- 証明すべき結果を直接的に使っているもの,「$(AB)^{-1} = B^{-1}A^{-1}$」を使って証明しているものは 0 点.
- $(AB)^{-1} = \frac{1}{AB}\mathrm{Cof}(AB)$ としてもいけない. これからすぐ, 右辺 $= B^{-1}A^{-1}$ は出てこない.

==

■■■ 演習問題 ■■■■■■■■■■■■■■■■■■■■■■■■

演習問題 2.11

A が n 次正則行列のとき, ${}^tA$ は正則であり $({}^tA)^{-1} = {}^t(A^{-1})$ となることを示せ.

演習問題 2.12

行列 $A = \begin{bmatrix} 1 & -3 \\ 2 & 1 \end{bmatrix}$ が正則かどうか判定せよ.

演習問題 2.13

n 次正方行列 A, B, C, D に対して

$$(ABCD)^{-1} = D^{-1}C^{-1}B^{-1}A^{-1}$$

を示せ.

演習問題 2.14

A が正則な対称行列ならば, A^{-1} も正則な対称行列であることを示せ.

Section 2.5
実ベクトルの内積

内積

定義 2.28 . 2つの実ベクトル $\boldsymbol{a} = \begin{bmatrix} a_1 \\ a_2 \\ \vdots \\ a_n \end{bmatrix}$, $\boldsymbol{b} = \begin{bmatrix} b_1 \\ b_2 \\ \vdots \\ b_n \end{bmatrix}$ に対して，実数値

$$(\boldsymbol{a}, \boldsymbol{b}) = a_1 b_1 + a_2 b_2 + \cdots + a_n b_n \tag{2.5}$$

をベクトル $\boldsymbol{a}$ と $\boldsymbol{b}$ の（標準）**内積**あるいは**自然な内積**という.

内積の性質

定理 2.6 . ベクトル $\boldsymbol{a}_1, \boldsymbol{a}_2, \boldsymbol{b}_1, \boldsymbol{b}_2, \boldsymbol{a}, \boldsymbol{b} \in \mathbb{R}^n$ とスカラー $x_1, x_2 \in \mathbb{R}$ について次が成り立つ.

（双線形性） $\begin{cases} (x_1\boldsymbol{a}_1 + x_2\boldsymbol{a}_2, \boldsymbol{b}) = x_1(\boldsymbol{a}_1, \boldsymbol{b}) + x_2(\boldsymbol{a}_2, \boldsymbol{b}) \\ (\boldsymbol{a}, x_1\boldsymbol{b}_1 + x_2\boldsymbol{b}_2) = x_1(\boldsymbol{a}, \boldsymbol{b}_1) + x_2(\boldsymbol{a}, \boldsymbol{b}_2) \end{cases}$

（対称性） $(\boldsymbol{a}, \boldsymbol{b}) = (\boldsymbol{b}, \boldsymbol{a})$

（正定値性） $(\boldsymbol{a}, \boldsymbol{a}) \geq 0$ であって，等号が成立するのは $\boldsymbol{a} = \boldsymbol{0}$ であるときに限る.

長さ・直交・単位ベクトル

定義 2.29 . $\mathbb{R}^n$ の任意のベクトル $\boldsymbol{a}$ に対して $\sqrt{(\boldsymbol{a},\boldsymbol{a})}$ をベクトル $\boldsymbol{a}$ の**長さ**または**ノルム**といい，$\|\boldsymbol{a}\|$ または $|\boldsymbol{a}|$ で表す．すなわち，

$$\|\boldsymbol{a}\| = |\boldsymbol{a}| = \sqrt{(\boldsymbol{a},\boldsymbol{a})}$$

である．また，$\mathbb{R}^n$ の 2 つのベクトル $\boldsymbol{a}$ と $\boldsymbol{b}$ が $(\boldsymbol{a},\boldsymbol{b}) = 0$ を満たすとき，$\boldsymbol{a}$ と $\boldsymbol{b}$ は**直交する**といい $\boldsymbol{a} \perp \boldsymbol{b}$ と表す．さらに，$|\boldsymbol{e}| = 1$ となるベクトル $\boldsymbol{e}$ を**単位ベクトル**という．

幾何ベクトル・位置ベクトル

定義 2.30 . **幾何ベクトル**とは，方向と大きさを持つ線分のことである．幾何ベクトルは単なる「移動」を表しているので，$\mathbb{R}^n$ 上の別の位置にあったとしても同一の幾何ベクトルである可能性がある．
また，始点を原点に固定することにより，終点と座標上の点を同一視したものを**位置ベクトル**と呼ぶ．

内積と交角

定理 2.7 . 2 つのベクトル $\boldsymbol{a},\boldsymbol{b}$ について，それらに対応する幾何ベクトルの**なす角**（交角）を $\theta (0 \leq \theta \leq \pi)$ とするとき，次が成り立つ．

$$(\boldsymbol{a},\boldsymbol{b}) = |\boldsymbol{a}||\boldsymbol{b}| \cos\theta$$

シュワルツの不等式と三角不等式

定理 2.8． 任意の 2 つのベクトル $\boldsymbol{a}, \boldsymbol{b}$ に対して，次の不等式が成り立つ．

(1) $|(\boldsymbol{a}, \boldsymbol{b})| \leq |\boldsymbol{a}||\boldsymbol{b}|$　　（シュワルツの不等式）

(2) $|\boldsymbol{a}+\boldsymbol{b}| \leq |\boldsymbol{a}|+|\boldsymbol{b}|$　　（三角不等式）

ここで，(1) において等号が成り立つのは $\boldsymbol{a} = k\boldsymbol{b}$ または $\boldsymbol{b} = k'\boldsymbol{a}$ の場合で，(2) において等号が成り立つのは $\boldsymbol{a} = k\boldsymbol{b}(k \geq 0)$ または $\boldsymbol{b} = k'\boldsymbol{a}(k' \geq 0)$ の場合に限る．なお，$k, k' \in \mathbb{R}$ である．

内積と直交性

問題 2.9． $\boldsymbol{x}, \boldsymbol{y}$ を $\mathbb{R}^n$ の任意のベクトルとする．このとき，$\boldsymbol{x}$ と $\boldsymbol{y}$ が直交しているならば，$|\boldsymbol{x}+\boldsymbol{y}|^2 = |\boldsymbol{x}|^2 + |\boldsymbol{y}|^2$ が成立することを示せ．

（解答）

$|\boldsymbol{x}+\boldsymbol{y}|^2 = (\boldsymbol{x}+\boldsymbol{y}, \boldsymbol{x}+\boldsymbol{y}) = |\boldsymbol{x}|^2 + 2(\boldsymbol{x}, \boldsymbol{y}) + |\boldsymbol{y}|^2$ である．ここで，$\boldsymbol{x}$ と $\boldsymbol{y}$ は直交しているので $(\boldsymbol{x}, \boldsymbol{y}) = 0$ であることに注意すれば

$|\boldsymbol{x}+\boldsymbol{y}|^2 = |\boldsymbol{x}|^2 + |\boldsymbol{y}|^2$ が成立することが分かる．■

【評価基準・注意】==============================

- 「直交」を「直行」としない．
- $\boldsymbol{x}$ や $\boldsymbol{y}$ を x や y と書かない．ベクトルとスカラーは区別すること．

==

内積の利点と性質

問題 2.10 . 次の問に答えよ.

(1) $\mathbb{R}^n$ に内積を導入する利点は何か？

(2) 任意のベクトル $\boldsymbol{x}, \boldsymbol{y} \in \mathbb{R}^n$ について，次の等式が成り立つことを示せ.

$$(\boldsymbol{x}, \boldsymbol{y}) = \frac{1}{2}(|\boldsymbol{x}|^2 + |\boldsymbol{y}|^2 - |\boldsymbol{x} - \boldsymbol{y}|^2)$$

（解答）

(1) $\mathbb{R}^n$ に長さや角度という概念を導入できる.

(2) 内積の性質より

$$|\boldsymbol{x} - \boldsymbol{y}|^2 = (\boldsymbol{x} - \boldsymbol{y}, \boldsymbol{x} - \boldsymbol{y}) = |\boldsymbol{x}|^2 - 2(\boldsymbol{x}, \boldsymbol{y}) + |\boldsymbol{y}|^2$$

が成り立つので，これを整理すればよい.

■

【評価基準・注意】==============================

- (1) において次のように意味不明なものは 0 点.
  - $\mathbb{R}^n$ を線形として扱うことができる.（線形という言葉は写像に対して使う）
  - n 次元の計算で難しいグラフを想像しなくてもよい.（難しいグラフとは？）
  - 高次元のものが表しやすくなる.（表しやすいとは？ 何が？）
  - ベクトルが理解しやすい.（理解しやすいとは？）
  - 高次元のベクトルでも計算できる.（何の計算できるの？ 内積？ 内積ならそれは導入するメリットではない）
  - 内積による計算ができる.（内積を説明するのに内積という言葉を使うの？）
  - n 次元ベクトル空間を表現できる.（表現できるとは？ 内積とは直接関係ないよ）
  - 空間で考えると限界がある.（何の限界？）
  - 各々のベクトルがどのように異なるのかが分かる.（内積を考えなくても異なるかどうかは分かる．ベクトルの要素を見ればよい）

- ベクトルとスカラーを区別していないものは減点.
- (2) において $(\boldsymbol{x}, \boldsymbol{y})$ を xy と書いてはいけない.
- 一般に $|\boldsymbol{x}-\boldsymbol{y}| = |\boldsymbol{x}|^2 - 2|\boldsymbol{x}||\boldsymbol{y}| + |\boldsymbol{y}|^2$ は**成り立たない**ことに注意.

==

内積と交角

問題 2.11 . $\mathbb{R}^4$ の 2 つのベクトル $\boldsymbol{x} = \begin{bmatrix} 1 \\ 3 \\ -4 \\ 2 \end{bmatrix}$, $\boldsymbol{y} = \begin{bmatrix} 5 \\ -1 \\ -2 \\ 6 \end{bmatrix}$ に対して,

次の問に答えよ.

(1) $\boldsymbol{x}$ と $\boldsymbol{y}$ の標準内積 $(\boldsymbol{x}, \boldsymbol{y})$ を求めよ.

(2) $\boldsymbol{x}$ の長さ $|\boldsymbol{x}|$ を求めよ.

(3) $\boldsymbol{x}$ と $\boldsymbol{y}$ のなす角を θ とするとき, $\cos\theta$ を求めよ.

(解答)

(1) $(\boldsymbol{x}, \boldsymbol{y}) = 5 - 3 + 8 + 12 = 22$

(2) $|\boldsymbol{x}| = \sqrt{1+9+16+4} = \sqrt{30}$

(3) $|\boldsymbol{y}| = \sqrt{25+1+4+36} = \sqrt{66}$ なので,

$$\cos\theta = \frac{(\boldsymbol{x}, \boldsymbol{y})}{|\boldsymbol{x}||\boldsymbol{y}|} = \frac{22}{\sqrt{30}\sqrt{66}} = \frac{22}{6\sqrt{55}} = \frac{11}{3\sqrt{55}}$$

■

演習問題

演習問題 2.15

$\boldsymbol{a}, \boldsymbol{b}$ を $\mathbb{R}^n$ の任意のベクトルとする. このとき, 次の問に答えよ.

(1) シュワルツの不等式を用いて $|(\boldsymbol{a}, \boldsymbol{b})| \leq \frac{1}{2}(|\boldsymbol{a}|^2 + |\boldsymbol{b}|^2)$ が成り立つことを示せ.

(2) $|\boldsymbol{a}+\boldsymbol{b}|^2 + |\boldsymbol{a}-\boldsymbol{b}|^2 = 2(|\boldsymbol{a}|^2 + |\boldsymbol{b}|^2)$ を示せ. この等式を**中線定理**という.

(3) シュワルツの不等式を使って, 三角不等式 $|\boldsymbol{a}+\boldsymbol{b}| \leq |\boldsymbol{a}| + |\boldsymbol{b}|$ を示せ.

演習問題 2.16

$\mathbb{R}^4$ のベクトル $\boldsymbol{a} = \begin{bmatrix} -1 \\ 0 \\ -1 \\ 2 \end{bmatrix}$ と $\boldsymbol{b} = \begin{bmatrix} -1 \\ 2 \\ 0 \\ 1 \end{bmatrix}$ のなす角 θ を求めよ.

Section 2.6
直交行列

直交行列

定義 2.31 . n 次実正方行列 A が等式 $A{}^tA = {}^tAA = E_n$ を満たすとき, A を n 次直交行列という.

グラムの等式

定理 2.9 . 2 つの n 次実行列 $A = [\boldsymbol{a}_1, \boldsymbol{a}_2, \ldots, \boldsymbol{a}_n]$ と $B = [\boldsymbol{b}_1, \boldsymbol{b}_2, \ldots, \boldsymbol{b}_n]$ に対して, 次式が成立する.

$$
{}^tAB = \begin{bmatrix} (\boldsymbol{a}_1, \boldsymbol{b}_1) & \cdots & (\boldsymbol{a}_1, \boldsymbol{b}_n) \\ \vdots & \ddots & \vdots \\ (\boldsymbol{a}_n, \boldsymbol{b}_1) & \cdots & (\boldsymbol{a}_n, \boldsymbol{b}_n) \end{bmatrix} \tag{2.6}
$$

$|\boldsymbol{a}| = 1$ となるベクトル $\boldsymbol{a}$ を単位ベクトルと呼ぶ.

直交行列の性質

定理 2.10 . n 次実行列 $A = [\boldsymbol{a}_1, \boldsymbol{a}_2, \ldots, \boldsymbol{a}_n]$ が直交行列であるための必要十分条件は, ベクトル $\boldsymbol{a}_1, \boldsymbol{a}_2, \ldots, \boldsymbol{a}_n$ が長さ 1 の互いに直交するベクトルとなることである. つまり, $(\boldsymbol{a}_i, \boldsymbol{a}_j) = \delta_{ij} (i, j = 1, 2, \ldots, n)$ となることである.

直交行列の性質

問題 2.12 . A と B を n 次直交行列とすると，AB も直交行列であることを示せ．

（解答）

${}^t(AB)AB = AB^t(AB) = E_n$ を示せばよい．

まず，A, B は直交行列なので ${}^tAA = A^tA = E_n$, ${}^tBB = B^tB = E_n$ が成り立つことに注意する．

$${}^t(AB)AB =^t B^tAAB =^t BB = E_n, \quad AB^t(AB) = AB^tB^tA = A^tA = E_n$$

なので，AB は直交行列である． ■

【評価基準・注意】 ==================================

- ${}^t(AB) \neq {}^tA^tB$, $(AB)^{-1} \neq A^{-1}B^{-1}$ であることに注意せよ．
- いきなり,「${}^t(AB)AB = AB^t(AB) = E_n$ なので」としているものは 0 点．理解度が判定できない．
- ${}^tA = A^{-1}$, ${}^tB = B^{-1}$ を用いて ${}^t(AB) = (AB)^{-1}$ を示してもよい．
- $(AB)(AB)^{-1} = E_n$ を示しても意味がない．AB が正則ならば AB が直交行列でなくても $(AB)(AB)^{-1} = E_n$ は必ず成り立つ．

==================================

直交行列の決定

問題 2.13 . 行列 $\begin{bmatrix} \frac{5}{13} & a & 0 \\ b & -\frac{5}{13} & c \\ d & 0 & 1 \end{bmatrix}$ が直交行列であるように a, b, c, d を定めよ．

(解答)

$\boldsymbol{a}_1 = \begin{bmatrix} \frac{5}{13} \\ b \\ d \end{bmatrix}, \boldsymbol{a}_2 = \begin{bmatrix} a \\ -\frac{5}{13} \\ 0 \end{bmatrix}, \boldsymbol{a}_3 = \begin{bmatrix} 0 \\ c \\ 1 \end{bmatrix}$ とすると，$(\boldsymbol{a}_i, \boldsymbol{a}_j) = \delta_{ij}$ であればよい．

$$(\boldsymbol{a}_1, \boldsymbol{a}_1) = \frac{25}{169} + b^2 + d^2 = 1, \quad (\boldsymbol{a}_2, \boldsymbol{a}_2) = a^2 + \frac{25}{169} = 1,$$
$$(\boldsymbol{a}_3, \boldsymbol{a}_3) = c^2 + 1 = 1$$

より，$c = 0, a = \pm\frac{12}{13}$ となる．

また，$(\boldsymbol{a}_1, \boldsymbol{a}_2) = (\boldsymbol{a}_2, \boldsymbol{a}_1) = \frac{5}{13}a - \frac{5}{13}b = 0$ より $a = b$ なので，$b = \pm\frac{12}{13}$ となる．

さらに，$(\boldsymbol{a}_1, \boldsymbol{a}_3) = (\boldsymbol{a}_3, \boldsymbol{a}_1) = bc + d = 0$ より $d = 0$ である．$c = 0$ は $(\boldsymbol{a}_2, \boldsymbol{a}_3) = (\boldsymbol{a}_3, \boldsymbol{a}_2) = -\frac{5}{13}c = 0$ を満たす．よって，

$a = b = \pm\frac{12}{13}, c = d = 0.$ ■

【評価基準・注意】==========================

- $(\boldsymbol{a}_1, \boldsymbol{a}_2)$ と書くべきところを $\boldsymbol{a}_1, \boldsymbol{a}_2$ としたり，$\boldsymbol{a}_1 \times \boldsymbol{a}_2$ としていないか？
- $A^t A = E_n$ を使って求めてもよい．

======================================

■■■ 演習問題 ■■■■■■■■■■■■■■■■■■■■■■■■■

演習問題 2.17

行列 $A = \frac{1}{5}\begin{bmatrix} x & y \\ 4 & -3 \end{bmatrix}$ が直交行列になるような x, y をすべて求めよ．

Section 2.7
平面上の一次変換

一次変換

定義 2.32 . 座標平面上の点 $P(x, y)$ に対して，同じ平面上の点 $P'(x', y')$ がただ1つに定まるとき，この対応を座標平面上の**変換**という．そして，座標平面上の変換 f が，a, b, c, d を定数として

$$\begin{bmatrix} x' \\ y' \end{bmatrix} = \begin{bmatrix} a & b \\ c & d \end{bmatrix} \begin{bmatrix} x \\ y \end{bmatrix}$$

で表されるとき，f を行列 $\begin{bmatrix} a & b \\ c & d \end{bmatrix}$ の表す**一次変換**あるいは**線形変換**という．

回転移動

定理 2.11 . 平面における原点まわりの角 θ の回転は行列

$$R_\theta = \begin{bmatrix} \cos\theta & -\sin\theta \\ \sin\theta & \cos\theta \end{bmatrix}$$

で与えられる．

すなわち，任意のベクトル $\boldsymbol{a} = \begin{bmatrix} a \\ b \end{bmatrix}$ を原点のまわりに正の方向に角度 θ だけ回転して得られるベクトルを $r_\theta(\boldsymbol{a})$ とするとき

$$r_\theta(\boldsymbol{a}) = \begin{bmatrix} \cos\theta & -\sin\theta \\ \sin\theta & \cos\theta \end{bmatrix} \begin{bmatrix} a \\ b \end{bmatrix}$$

が成り立つ．

鏡映

定義 2.33． 鏡映とは，平面上の原点を通る直線 l があるときに，与えられたベクトル $\boldsymbol{a}$ を直線と線対称の位置にあるベクトルに移すものである．

対称移動

定理 2.12． 平面において，原点を通る直線 l と x 軸とのなす角を θ とするとき，ベクトル $\boldsymbol{a}$ を直線 l と線対称の位置 $t_l(\boldsymbol{a})$ に移す行列 T_l，つまり，$t_l(\boldsymbol{a}) = T_l\boldsymbol{a}$ を満たす行列 T_l は次式で与えられる．

$$T_l = \begin{bmatrix} \cos 2\theta & \sin 2\theta \\ \sin 2\theta & -\cos 2\theta \end{bmatrix} \tag{2.7}$$

なお，直線 l の傾きを m とすると，$m = \tan\theta$ なので，(2.7) は

$$T_l = \frac{1}{1+m^2}\begin{bmatrix} 1-m^2 & 2m \\ 2m & m^2-1 \end{bmatrix} \tag{2.8}$$

と表すこともできる．

平面上の一次変換

問題 2.14． 次の問に答えよ．

(1) 平面においてベクトル $\boldsymbol{a}$ を直線 $y = \sqrt{3}x$ と線対称の位置 $t_l(\boldsymbol{a})$ に移す行列 T_l，つまり，$t_l(\boldsymbol{a}) = T_l\boldsymbol{a}$ を満たす2次正方行列 T_l を具体的に書け．

(2) 点 $(1, 2)$ を原点まわりに 30° 回転させて得られる座標を求めよ．

（解答）

(1) $T_l = \dfrac{1}{m^2+1}\begin{bmatrix} 1-m^2 & 2m \\ 2m & m^2-1 \end{bmatrix}$ において $m=\sqrt{3}$ とすれば，

$$T_l = \frac{1}{4}\begin{bmatrix} -2 & 2\sqrt{3} \\ 2\sqrt{3} & 2 \end{bmatrix} = \frac{1}{2}\begin{bmatrix} -1 & \sqrt{3} \\ \sqrt{3} & 1 \end{bmatrix}$$

(2)

$$\begin{bmatrix} \cos\frac{\pi}{6} & -\sin\frac{\pi}{6} \\ \sin\frac{\pi}{6} & \cos\frac{\pi}{6} \end{bmatrix}\begin{bmatrix} 1 \\ 2 \end{bmatrix} = \begin{bmatrix} \frac{\sqrt{3}}{2} & -\frac{1}{2} \\ \frac{1}{2} & \frac{\sqrt{3}}{2} \end{bmatrix}\begin{bmatrix} 1 \\ 2 \end{bmatrix} = \begin{bmatrix} \frac{\sqrt{3}}{2}-1 \\ \frac{1}{2}+\sqrt{3} \end{bmatrix}$$

■

【評価基準・注意】==========================

- (1) で具体的に書いていないものは 0 点とする．例えば,「$y=\sqrt{3}x$ と x 軸とのなす角を θ とすると $T_l = \begin{bmatrix} \cos 2\theta & \sin 2\theta \\ \sin 2\theta & -\cos 2\theta \end{bmatrix}$」と書いているものが対象．単純に公式を覚えているだけで，具体的に使用する実力はないと判断する．
- (1) は $T_l = \begin{bmatrix} \cos 2\theta & \sin 2\theta \\ \sin 2\theta & -\cos 2\theta \end{bmatrix}$ に $\theta = \dfrac{\pi}{3}$ を代入してもよい．
- (2) で $[1 \quad 2]\begin{bmatrix} \cos\frac{\pi}{6} & -\sin\frac{\pi}{6} \\ \sin\frac{\pi}{6} & \cos\frac{\pi}{6} \end{bmatrix}$ と考えないように．

====================================

■■■ 演習問題 ■■■■■■■■■■■■■■■■■■■■■■■■■■■■

演習問題 2.18

次の問に答えよ．

(1) 平面において，点 $(2, 2\sqrt{3})$ を原点まわりに 60° 回転させて得られる座標を求めよ．

(2) 平面において，点 $(-3, 3)$ を直線 $y=\sqrt{2}x$ と線対称の位置に移して得られる座標を求めよ．

演習問題 2.19

次の条件を満たす 2 次正方行列を書け．なお，結果だけ示せばよいものとする．

(1) 平面において，原点を通る直線 l と x 軸とのなす角を θ とするとき，ベクトル $\boldsymbol{a}$ を直線 l と線対称の位置 $t_l(\boldsymbol{a})$ に移す行列 T_l，つまり，$t_l(\boldsymbol{a}) = T_l\boldsymbol{a}$ を満たす行列 T_l.

(2) 平面において，ベクトル $\boldsymbol{a}$ を原点のまわりに正の方向へ角度 θ だけ回転させた位置 $r_\theta(\boldsymbol{a})$ に移す行列 R_θ，つまり，$r_\theta(\boldsymbol{a}) = R_\theta\boldsymbol{a}$ を満たす行列 R_θ.

第3章

行列式

Section 3.1
行列式

行列式

定義 3.1 . n 個の n 次元数ベクトル $\boldsymbol{a}_1, \boldsymbol{a}_2, \cdots, \boldsymbol{a}_n$ に対応して 1 つのスカラーを与える写像 $\det[\boldsymbol{a}_1, \boldsymbol{a}_2, \cdots, \boldsymbol{a}_n]$ が次の条件を満たすとき，これを n 次正方行列 $A = [\boldsymbol{a}_1, \boldsymbol{a}_2, \cdots, \boldsymbol{a}_n]$ の**行列式**といい，$\det A$ と表す.

(1) スカラー x に対して，

$$\det[\boldsymbol{a}_1, \cdots, x\boldsymbol{a}_i, \cdots, \boldsymbol{a}_n] = x\det[\boldsymbol{a}_1, \cdots, \boldsymbol{a}_i, \cdots, \boldsymbol{a}_n] \quad (1 \leq i \leq n)$$

(2) $\det[\boldsymbol{a}_1, \cdots, \boldsymbol{a}_i + \boldsymbol{a}'_i, \cdots, \boldsymbol{a}_n]$

$$= \det[\boldsymbol{a}_1, \cdots, \boldsymbol{a}_i, \cdots, \boldsymbol{a}_n] + \det[\boldsymbol{a}_1, \cdots, \boldsymbol{a}'_i, \cdots, \boldsymbol{a}_n] (1 \leq i \leq n)$$

(3) $\det[\cdots, \boldsymbol{a}_i, \cdots \boldsymbol{a}_j, \cdots] = -\det[\cdots, \boldsymbol{a}_j, \cdots \boldsymbol{a}_i, \cdots]$

$$(i \neq j, 1 \leq i, j \leq n)$$

(4) $\det[\boldsymbol{e}_1, \cdots, \boldsymbol{e}_n] = 1$

(1) と (2) を**多重線形性**といい，(3) を**交代性**という.

n 次正方行列 A が $A = [a_{ij}]$ と与えられているときには，$\mathrm{det}A$ を
$\begin{vmatrix} a_{11} & \cdots & a_{1n} \\ \vdots & \cdots & \vdots \\ a_{n1} & \cdots & a_{nn} \end{vmatrix}$ と表すことも多い．

行列式の表示

定理 3.1． n 次正方行列 $A = [a_{ij}]$ について，

$$\mathrm{det}A = \sum a_{1j_1} a_{2j_2} \cdots a_{nj_n} \mathrm{det}[\boldsymbol{e}_{j_1}, \boldsymbol{e}_{j_2}, \cdots, \boldsymbol{e}_{j_n}] \qquad (3.1)$$

が成り立つ．ここで，$\sum$ は $j_1, j_2, \cdots, j_n$ が $1, 2, \cdots, n$ の並べかえであるような $n!$ 通りの和を表す．

順列と置換

定義 3.2． 高校数学で順列というのを習った．それは，異なる n 個のものを1列に並べる並べ方のことであり，順列の総数は ${}_nP_n = n!$ であった．
これに対し，置換とは，異なる n 個のものを並べ替える方法，あるいは並べ替える操作（変換）そのもののことである．順列と同じく，一般に $J_n = \{1, 2, 3, \cdots, n\}$ の要素を並べ替える方法（つまり置換）は $n!$ 通りある．

置換の表し方

置換 σ を表すのに，それぞれの $i \in J_n$ の行き先を下に書いて

$$\sigma = \begin{pmatrix} 1 & 2 & \cdots & n \\ j_1 & j_2 & \cdots & j_n \end{pmatrix} \tag{3.2}$$

と表す．ここで，$j_i = \sigma(i)$ である．そのため，(3.2) を次のように書いてもよい．

$$\sigma = \begin{pmatrix} 1 & 2 & \cdots & n \\ \sigma(1) & \sigma(2) & \cdots & \sigma(n) \end{pmatrix} \tag{3.3}$$

この場合，σ を n 次の置換ということがある．

表記上の注意

置換というのは，文字 $1, 2, \cdots, n$ がそれぞれどの文字に写るかということを問題にしているのであって，上下のそれぞれの組み合せが変わらない限り，並べ方を変えても構わない．並べ方を変えても写像としては同じである．

（例）

$\begin{pmatrix} 1 & 2 \\ 2 & 1 \end{pmatrix}$ を $\begin{pmatrix} 2 & 1 \\ 1 & 2 \end{pmatrix}$ と書いてもよい．

対称群

定義 3.3． 集合 J_n の置換全体（すべてで $n!$ 個ある）からなる集合を S_n と書き，n 次の**対称群**という．

（例）

$$S_2 = \left\{ \begin{pmatrix} 1 & 2 \\ 1 & 2 \end{pmatrix}, \begin{pmatrix} 1 & 2 \\ 2 & 1 \end{pmatrix} \right\}$$

$$S_3 = \left\{ \begin{pmatrix} 1 & 2 & 3 \\ 1 & 2 & 3 \end{pmatrix}, \begin{pmatrix} 1 & 2 & 3 \\ 1 & 3 & 2 \end{pmatrix}, \begin{pmatrix} 1 & 2 & 3 \\ 2 & 1 & 3 \end{pmatrix}, \begin{pmatrix} 1 & 2 & 3 \\ 2 & 3 & 1 \end{pmatrix}, \begin{pmatrix} 1 & 2 & 3 \\ 3 & 1 & 2 \end{pmatrix}, \begin{pmatrix} 1 & 2 & 3 \\ 3 & 2 & 1 \end{pmatrix} \right\}$$

恒等置換

定義 3.4 . すべての文字を動かさない置換を**単位置換**または**恒等置換**といい，id で表す．つまり，

$$id = \begin{pmatrix} 1 & 2 & \cdots & n \\ 1 & 2 & \cdots & n \end{pmatrix} \tag{3.4}$$

である．

逆置換

定義 3.5 . 任意の $\sigma = \begin{pmatrix} 1 & 2 & \cdots & n \\ j_1 & j_2 & \cdots & j_n \end{pmatrix}$ に対して，

$$\sigma^{-1} = \begin{pmatrix} j_1 & j_2 & \cdots & j_n \\ 1 & 2 & \cdots & n \end{pmatrix} \tag{3.5}$$

である．この σ^{-1} を**逆置換**という．

置換の積

定義 3.6 . $\sigma, \tau \in S_n$ に対して σ と τ との合成写像

$$\tau \circ \sigma : J_n \to J_n$$

は，$\tau \circ \sigma \in S_n$ である．この $\tau \circ \sigma$ を τ と σ の**積**といい，簡単に $\tau\sigma$ または $\tau \cdot \sigma$ と書く．

互換

定義 3.7 . $1 \leq i < j \leq n$ に対して i と j のみを入れ換える置換

$$\begin{pmatrix} 1 & \cdots & i & \cdots & j & \cdots n \\ 1 & \cdots & j & \cdots & i & \cdots n \end{pmatrix} \tag{3.6}$$

を**互換**といい，(i, j) または $(i\ j)$ と表す．互換と言われると分かりづらいが，「交換」と覚えておくと分かりやすい．

（例）

$$\begin{pmatrix} 1 & 2 & 3 & 4 & 5 \\ 4 & 2 & 3 & 1 & 5 \end{pmatrix} = (1\ 4)$$

置換と互換の積

定理 3.2 . $n \geq 2$ のとき，任意の置換 $\sigma \in S_n$ は互換の積として表すことができる．

反転数と符号

定義 3.8 . 置換 $\sigma \in S_n$ に対して，$1 \leq i < j \leq n$ かつ $\sigma(i) > \sigma(j)$ となる数字の組 (i, j) の個数を σ の**反転数**という．また，σ の反転数が m であるとき，$(-1)^m$ を σ の**符号**といって，$\mathrm{sgn}(\sigma)$ と表す．

互換の偶奇性

定理 3.3 . 置換 σ が互換の積として $\sigma = \tau_1\tau_2\cdots\tau_m$ と表されているとき,

$$\mathrm{sgn}(\sigma) = (-1)^m$$

である．特に，σ を互換の積として表したとき，その互換の個数の偶奇性は一定である．

偶置換・奇置換

定義 3.9 . 置換 σ が，$\mathrm{sgn}(\sigma) = 1$ を満たすとき σ を**偶置換**，$\mathrm{sgn}(\sigma) = -1$ を満たすとき σ を**奇置換**という．

（例）

$$\sigma = \begin{pmatrix} 1 & 2 & 3 \\ 2 & 3 & 1 \end{pmatrix} = (1\ 2)(1\ 3) \text{ は偶置換}$$
$$\tau = \begin{pmatrix} 1 & 2 & 3 \\ 1 & 3 & 2 \end{pmatrix} = (2\ 3) \text{ は奇置換}$$

置換を用いた行列式の表示

定理 3.4 . n 次正方行列 $A = [a_{ij}]$ について

$$\det A = \sum_{\sigma \in S_n} \mathrm{sgn}(\sigma) a_{1\sigma(1)} a_{2\sigma(2)} \cdots a_{n\sigma(n)} \tag{3.7}$$

となる．ここで，$\sum$ は $\sigma \in S_n$ が n 次の置換をすべて動いたときの和を表す．

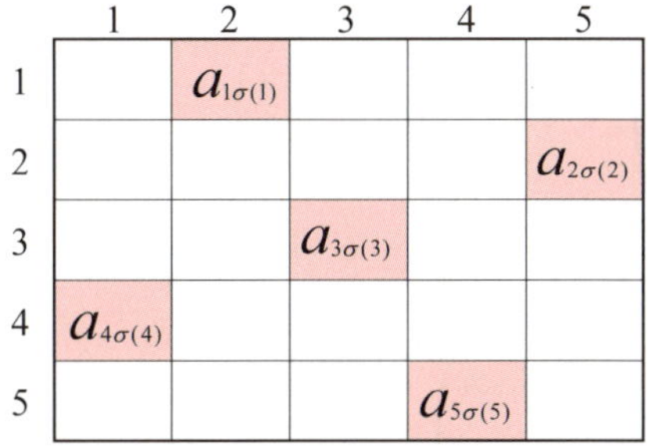

図 3.1　行列式の各項は，各行各列から 1 つずつ番号を選んだもの

三角行列

定義 3.10 . n 次正方行列 A が $a_{ij} = 0(i > j)$ を満たすとき A を**上三角行列**といい，A が $a_{ij} = 0(i < j)$ を満たすとき A を**下三角行列**という．また，上三角行列または下三角行列を単に**三角行列**ということがある．

三角行列の行列式

系 3.1 . 三角行列 A の行列式 $|A|$ は，A の対角成分の積に等しい．つまり，$\det A = a_{11}a_{22}\cdots a_{nn}$ である．

置換の計算

問題 3.1 . 置換 σ, τ は，次のように定義されているとする．

$$\sigma = \begin{pmatrix} 1 & 2 & 3 \\ 2 & 3 & 1 \end{pmatrix}, \qquad \tau = \begin{pmatrix} 1 & 2 & 3 \\ 3 & 2 & 1 \end{pmatrix}$$

このとき，σ^{-1}，τ^{-1}，$\sigma\tau$，$\tau\sigma$ を求めよ．

（解答）

$$\sigma^{-1} = \begin{pmatrix} 1 & 2 & 3 \\ 3 & 1 & 2 \end{pmatrix}, \quad \tau^{-1} = \begin{pmatrix} 1 & 2 & 3 \\ 3 & 2 & 1 \end{pmatrix},$$

$$\sigma\tau = \begin{pmatrix} 1 & 2 & 3 \\ 2 & 3 & 1 \end{pmatrix}\begin{pmatrix} 1 & 2 & 3 \\ 3 & 2 & 1 \end{pmatrix} = \begin{pmatrix} 1 & 2 & 3 \\ 1 & 3 & 2 \end{pmatrix}$$

$$\tau\sigma = \begin{pmatrix} 1 & 2 & 3 \\ 3 & 2 & 1 \end{pmatrix}\begin{pmatrix} 1 & 2 & 3 \\ 2 & 3 & 1 \end{pmatrix} = \begin{pmatrix} 1 & 2 & 3 \\ 2 & 1 & 3 \end{pmatrix}$$

■

【評価基準・注意】==========================

- 分かりにくいときは，対応を図に書けばよい． $\begin{pmatrix} 1 \\ 2 \\ 3 \end{pmatrix} \xrightarrow{\tau} \begin{pmatrix} 3 \\ 2 \\ 1 \end{pmatrix} \xrightarrow{\sigma} \begin{pmatrix} 1 \\ 3 \\ 2 \end{pmatrix} = \sigma\tau$

====================================

置換と互換の積

問題 3.2 ． 置換 $\sigma = \begin{pmatrix} 1 & 2 & 3 & 4 & 5 & 6 \\ 3 & 5 & 6 & 4 & 2 & 1 \end{pmatrix}$ を互換の積として表し，置換の符号 $\mathrm{sgn}(\sigma)$ を求めよ．

（解答）

$1 \to 3 \to 6 \to 1$，$2 \to 5 \to 2$ と書けるので，$\sigma = (1\ 6)(1\ 3)(2\ 5)$ となる．

よって，$\mathrm{sgn}(\sigma) = (-1)^3 = -1$． ■

【評価基準・注意】==========================

- 互換の積は，一意には定まらないので，例えば $\sigma = (2\ 5)(1\ 6)(1\ 3)$ となっていてもよい．

====================================

行列式の符号

問題 3.3 ．

5 次行列 $A = [a_{ij}]$ の行列式 $\det A$ において，$a_{14}a_{21}a_{35}a_{42}a_{53}$ の符号が負になることを示せ．

(解答)

置換 $\sigma = \begin{pmatrix} 1 & 2 & 3 & 4 & 5 \\ 4 & 1 & 5 & 2 & 3 \end{pmatrix}$ とすると，$1 \to 4 \to 2 \to 1$，$3 \to 5 \to 3$ より $\sigma = (3\ 5)(1\ 2)(1\ 4)$ よって，$\mathrm{sgn}(\sigma) = (-1)^3 = -1$. ■

【評価基準・注意】==

- 互換の積は，一意には定まらないので，例えば $\sigma = (1\ 2)(1\ 4)(3\ 5)$ となっていてもよい.
- （別解）互換の積を直接使わない場合は，次のように書けばよい.
  行番号と列番号との対応は $\sigma = \begin{pmatrix} 1 & 2 & 3 & 4 & 5 \\ 4 & 1 & 5 & 2 & 3 \end{pmatrix}$ となっており，$(4, 1, 5, 2, 3)$ は次のような 3 回の互換の操作，つまり奇数回の互換の操作により $(1, 2, 3, 4, 5)$ となるので，符号はマイナス (–) である.
  [1] 1 と 4 を入れ換える (1,4,5,2,3)　[2] 2 と 4 を入れ換える (1,2,5,4,3)
  [3] 3 と 5 を入れ換える (1,2,3,4,5)
  ただし，このように書いても本質的には互換の積を使っていることに注意せよ.
- 解答や別解のように具体的に互換の操作を明記すること．自分が理解していることを採点者にアピールするように書かなければならない．したがって，「置換の性質より」「奇数回の互換だから」「3 回の互換だから」といったことを理由に挙げているものは減点対象となる可能性がある.
- 余因子展開とサラスの計算法を用いて具体的に書き下しているものは，その式が合っていれば正解とする.
- 並べ換え方を見つけるには次のようにすればよい．$\begin{pmatrix} \boxed{1} & \boxed{2} & 3 & \boxed{4} & 5 \\ \boxed{4} & \boxed{1} & 5 & \boxed{2} & 3 \end{pmatrix}$ において，□の数字に注目すると数字が左上から $1 \to 4 \to 2 \to 1$ と動いていることが分かる.

==

■■■ 演習問題 ■■■■■■■■■■■■■■■■■■■■■■■■■■

演習問題 3.1

$\sigma = \begin{pmatrix} 1 & 2 & 3 & 4 \\ 3 & 2 & 4 & 1 \end{pmatrix}$, $\tau = \begin{pmatrix} 1 & 2 & 3 & 4 \\ 2 & 1 & 4 & 3 \end{pmatrix}$ とする．このとき，$\tau\sigma$ と $\sigma\tau$ を求めよ.

演習問題 3.2

$\sigma = \begin{pmatrix} 1 & 2 & 3 & 4 & 5 & 6 \\ 3 & 5 & 2 & 4 & 1 & 6 \end{pmatrix}$ を互換の積で表せ.

演習問題 3.3

4 次正方行列 $A = \begin{bmatrix} a_{11} & a_{12} & a_{13} & a_{14} \\ a_{21} & a_{22} & a_{23} & a_{24} \\ a_{31} & a_{32} & a_{33} & a_{34} \\ a_{41} & a_{42} & a_{43} & a_{44} \end{bmatrix}$ の行列式 $\det A$ を具体的に書くとどのようになるか？ 以下の空欄に適当な符号もしくは数字を書け.

$$
\begin{aligned}
\det A \quad = \quad & a_{14}a_{23}a_{32}a_{41} \square a_{13}a_{24}a_{32}a_{41} - a_{14}a_{22}a_{3\square}a_{4\square} + a_{12}a_{24}a_{33}a_{41} \\
\square \quad & a_{13}a_{22}a_{34}a_{41} - a_{12}a_{23}a_{34}a_{41} - a_{14}a_{23}a_{31}a_{42} + a_{13}a_{24}a_{31}a_{42} \\
\square \quad & a_{14}a_{21}a_{33}a_{42} - a_{11}a_{24}a_{33}a_{42} \square a_{13}a_{21}a_{34}a_{42} + a_{11}a_{23}a_{34}a_{42} \\
\square \quad & a_{14}a_{22}a_{31}a_{43} - a_{12}a_{24}a_{31}a_{43} - a_{14}a_{21}a_{32}a_{43} \square a_{11}a_{24}a_{32}a_{43} \\
+ \quad & a_{12}a_{21}a_{3\square}a_{4\square} - a_{11}a_{22}a_{34}a_{43} \square a_{13}a_{22}a_{3\square}a_{4\square} + a_{12}a_{23}a_{31}a_{44} \\
+ \quad & a_{13}a_{21}a_{32}a_{44} - a_{11}a_{23}a_{32}a_{44} \square a_{12}a_{21}a_{33}a_{44} + a_{11}a_{22}a_{33}a_{44}
\end{aligned}
$$

Section 3.2
2 次・3 次の行列式

2 次の行列式

例 3.1 . 2 次の正方行列 $A = \begin{bmatrix} a_{11} & a_{12} \\ a_{21} & a_{22} \end{bmatrix}$ の行列式は，定理 3.4 より $\det A = a_{11}a_{22} - a_{12}a_{21}$ となる.

3 次の行列式

例 3.2 . 3 次の正方行列 $A = \begin{bmatrix} a_{11} & a_{12} & a_{13} \\ a_{21} & a_{22} & a_{23} \\ a_{31} & a_{32} & a_{33} \end{bmatrix}$ の行列式は，定理 3.4 より $\det A = a_{11}a_{22}a_{33} + a_{12}a_{23}a_{31} + a_{13}a_{21}a_{32} - a_{11}a_{23}a_{32} - a_{12}a_{21}a_{33} - a_{13}a_{22}a_{31}$ となる.

2 次と 3 次の行列式を計算する場合は，次のような図を用いると便利である．このような計算法をサラスの計算法という．ただし，**サラスの計算法は，4 次以上の行列には適用できない**.

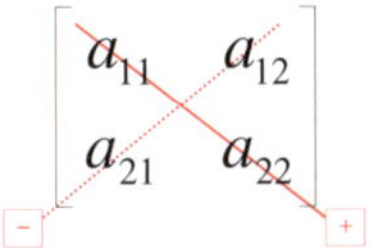

2次行列の場合

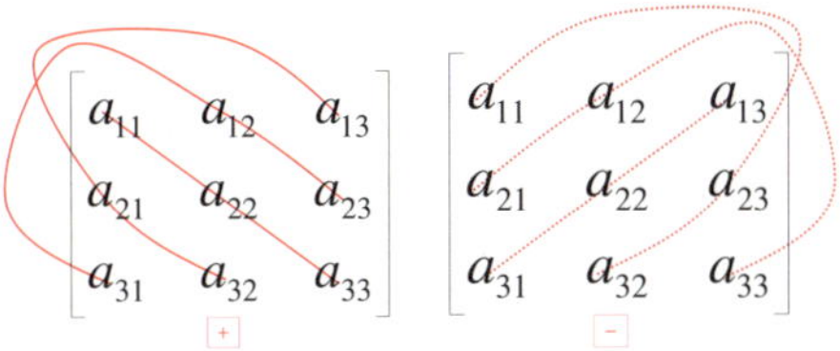

3次行列の場合

オリエンテーション（向き）：2次元の場合

定義 3.11． 2次元実ベクトル $\boldsymbol{v}_1, \boldsymbol{v}_2$ の順は「右回り」か「左回り」かのいずれかである．このとき，2次正方行列 A に対して，$A\boldsymbol{v}_1, A\boldsymbol{v}_2$ が $\boldsymbol{v}_1, \boldsymbol{v}_2$ と同じ順序になっているならば，A は**オリエンテーションを保つ**あるいは**向きを保つ**という．

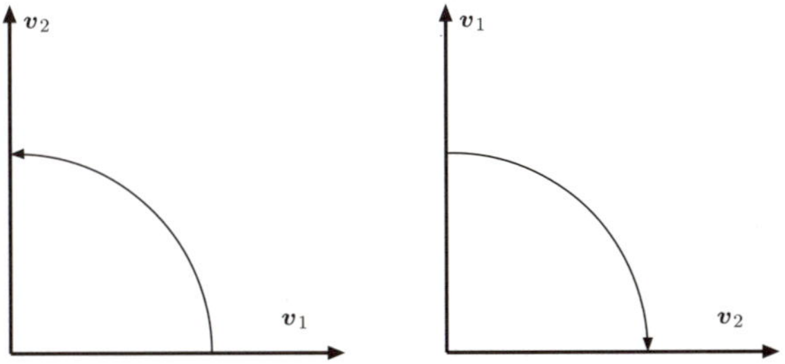

$\boldsymbol{v}_1$ から $\boldsymbol{v}_2$ は左回り　　$\boldsymbol{v}_1$ から $\boldsymbol{v}_2$ は右回り

⇓ 向きを保つ　　⇓ 向きを保つ

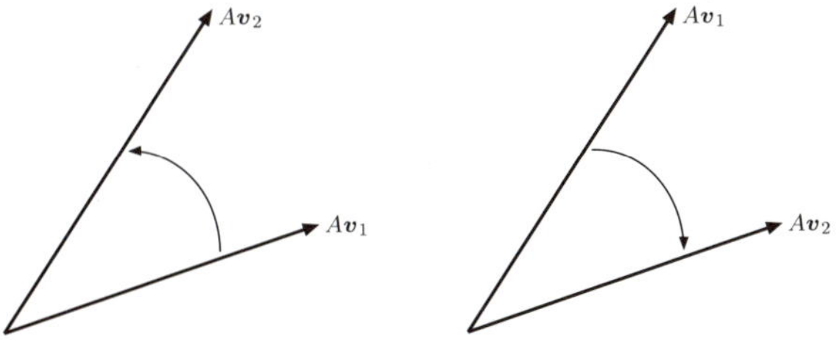

$A\boldsymbol{v}_1$ から $A\boldsymbol{v}_2$ は左回り　　$A\boldsymbol{v}_1$ から $A\boldsymbol{v}_2$ は右回り

オリエンテーション（向き）: 3 次元の場合

定義 3.12 . 3 次元実ベクトル $\boldsymbol{v}_1, \boldsymbol{v}_2, \boldsymbol{v}_3$ の順が，それぞれ右手の親指，人差指，中指の順（これを**右手系**という）であるとする．このとき，3 次正方行列 A に対して $A\boldsymbol{v}_1, A\boldsymbol{v}_2, A\boldsymbol{v}_3$ がその順序と同じになっているならば，A は**オリエンテーションを保つ**あるいは**向きを保つ**という．

2・3 次行列式の計算

問題 3.4 . 次の問に答えよ．

(1) $A = \begin{bmatrix} 5 & -2 \\ 1 & 1 \end{bmatrix}$ の行列式 $\det A$ を求めよ．

(2) 2 次正方行列 $A = [\boldsymbol{a}_1, \boldsymbol{a}_2] = \begin{bmatrix} a_{11} & a_{12} \\ a_{21} & a_{22} \end{bmatrix}$ について，

$$\det[\boldsymbol{a}_1 + \boldsymbol{a}'_1, \boldsymbol{a}_2] = \det[\boldsymbol{a}_1, \boldsymbol{a}_2] + \det[\boldsymbol{a}'_1, \boldsymbol{a}_2]$$

が成り立つことを示せ．

(3) $A = \begin{bmatrix} 1 & 2 & 1 \\ 2 & 1 & 1 \\ 1 & 1 & 2 \end{bmatrix}$ の行列式 $\det A$ を求めよ．

（解答）

(1) サラスの計算法より，$\det A = 5 - (-2) = 7$ である．

(2)

$$\det[\boldsymbol{a}_1 + \boldsymbol{a}'_1, \boldsymbol{a}_2] \quad = \quad \begin{vmatrix} a_{11} + a'_{11} & a_{12} \\ a_{21} + a'_{21} & a_{22} \end{vmatrix}$$

$$
\begin{aligned}
&= (a_{11} + a'_{11})a_{22} - (a_{21} + a'_{21})a_{12} \\
&= a_{11}a_{22} - a_{21}a_{12} + a'_{11}a_{22} - a'_{21}a_{12} \\
&= \det[\boldsymbol{a}_1, \boldsymbol{a}_2] + \det[\boldsymbol{a}'_1, \boldsymbol{a}_2]
\end{aligned}
$$

(3) サラスの計算法より，$\det A = (2+2+2) - (1+1+8) = -4$ である．

■

【評価基準・注意】==============================

- (2) において，$\boldsymbol{a}_1 = \begin{bmatrix} a_{11} \\ a_{21} \end{bmatrix}$, $\boldsymbol{a}_2 = \begin{bmatrix} a_{12} \\ a_{22} \end{bmatrix}$ としたとき，$\det[\boldsymbol{a}_1 + \boldsymbol{a}'_1, \boldsymbol{a}_2] = \det\begin{bmatrix} (a_{11} + a'_{11})a_{12} \\ (a_{21} + a'_{21})a_{22} \end{bmatrix}$ とは書けないことに注意せよ．ベクトルでは $\boldsymbol{a}_1\boldsymbol{a}_2 = \begin{bmatrix} a_{11}a_{12} \\ a_{21}a_{22} \end{bmatrix}$ みたいな積は定義されていない．
- (2) において示すべき結果 $\det[\boldsymbol{a}_1 + \boldsymbol{a}'_1, \boldsymbol{a}_2] = \det[\boldsymbol{a}_1, \boldsymbol{a}_2] + \det[\boldsymbol{a}'_1, \boldsymbol{a}_2]$ を単に使ったものは 0 点.
- (2) において，次のような勘違いをしないようにせよ．いずれも**成り立たない**.
  - $\det[\boldsymbol{a}_1 + \boldsymbol{a}'_1, \boldsymbol{a}_2] = (\boldsymbol{a}_1 + \boldsymbol{a}'_1) \times \boldsymbol{a}_2$
  - $\det[\boldsymbol{a}_1 + \boldsymbol{a}'_1, \boldsymbol{a}_2] = (\boldsymbol{a}_1 + \boldsymbol{a}'_1, \boldsymbol{a}_2)$
  - $\det[\boldsymbol{a}_1 + \boldsymbol{a}'_1, \boldsymbol{a}_2] = \boldsymbol{a}_2 \det[\boldsymbol{a}_1 + \boldsymbol{a}'_1]$
- (2) は 3 次行列のように（第 3.7 節を参照）$\det(A) = (\boldsymbol{a}_1 \times \boldsymbol{a}'_1, \boldsymbol{a}_2)$ としない．もともと，2 次元ベクトルでは外積 $\boldsymbol{a}_1 \times \boldsymbol{a}'_1$ が定義できない．
- $\det[\boldsymbol{a}_1, \boldsymbol{a}_2]$ を $(\boldsymbol{a}_1, \boldsymbol{a}_2)$ と書かない．
- 内積と外積を混同しないようにせよ．内積はスカラー，外積は 3 次元ベクトルである．
- $[\boldsymbol{a}'_1, \boldsymbol{a}_2] \neq \begin{bmatrix} a'_{11} & a'_{12} \\ a_{21} & a_{22} \end{bmatrix}$ であることに注意せよ．

==

■■■ 演習問題 ■■■■■■■■■■■■■■■■■■■■■■■■

演習問題 3.4

次の行列式の値を求めよ．

(1) $\begin{vmatrix} 1 & 2 \\ 3 & 4 \end{vmatrix}$　(2) $\begin{vmatrix} 1 & 2 & 3 \\ 4 & 5 & 6 \\ 7 & 8 & 9 \end{vmatrix}$　(3) $\begin{vmatrix} 1 & -2 & -3 \\ -4 & 5 & -6 \\ -7 & -8 & 9 \end{vmatrix}$　(4) $\begin{vmatrix} 0 & 1 & -2 \\ -3 & 0 & 4 \\ -1 & 3 & 0 \end{vmatrix}$

行列式と向き

問題 3.5 . $A = \begin{bmatrix} a & b \\ c & d \end{bmatrix}$ とする．このとき，$\det A > 0$ ならば A はオリエンテーションを保ち，$\det A < 0$ ならば A はオリエンテーションを保たないことを示せ．

（解答）

$\boldsymbol{e}_1, \boldsymbol{e}_2$ を基本ベクトルとすると

$$A\boldsymbol{e}_1 = \begin{bmatrix} a & b \\ c & d \end{bmatrix} \begin{bmatrix} 1 \\ 0 \end{bmatrix} = \begin{bmatrix} a \\ c \end{bmatrix}, \qquad A\boldsymbol{e}_2 = \begin{bmatrix} a & b \\ c & d \end{bmatrix} \begin{bmatrix} 0 \\ 1 \end{bmatrix} = \begin{bmatrix} b \\ d \end{bmatrix}$$

オリエンテーションを保つ方向，つまり，左回りを正とし，$A\boldsymbol{e}_1$ と $A\boldsymbol{e}_2$ とのなす角を θ とする．そして，$A\boldsymbol{e}_1$ と $A\boldsymbol{e}_2$ を 2 辺とする面積を S とすると $S = |A\boldsymbol{e}_1||A\boldsymbol{e}_2|\sin\theta$ なので

$$\begin{aligned} S^2 &= |A\boldsymbol{e}_1|^2|A\boldsymbol{e}_2|^2\sin^2\theta = |A\boldsymbol{e}_1|^2|A\boldsymbol{e}_2|^2(1-\cos^2\theta) \\ &= |A\boldsymbol{e}_1|^2|A\boldsymbol{e}_2|^2 - (A\boldsymbol{e}_1, A\boldsymbol{e}_2)^2 \\ &= (a^2+c^2)(b^2+d^2) - (ab+cd)^2 = (ad-bc)^2 \end{aligned}$$

である．よって，$S = |ad-bc|$ である．

ここで，$\det A > 0$ ならば $ad - bc > 0$ であり，これより $\sin\theta > 0$ である．このとき，$0 < \theta < \pi$ なので，これは，$\det A > 0$ ならばオリエンテーションを保つことを意味する．

一方，$\det A < 0$ ならば $ad - bc < 0$ であり，これより $\sin\theta < 0$ である．このとき，$-\pi < \theta < 0$ なので，これは，$\det A < 0$ ならばオリエンテーションを保たないことを意味する． ■

【評価基準・注意】==============================

- 結果しか書いていないものは 0 点．例えば「det$A < 0$ ならば $ad - bc < 0$ なのでオリエンテーションを保たない」,「det$A < 0$ ならば $ad - bc < 0$ であり，これより $\sin\theta < 0$ である」などとしているものが対象．θ が何か分からないし，どうしてこの式が導出されるのかも不明である．

======================================

■■■ 演習問題 ■■■■■■■■■■■■■■■■■■■■

演習問題 3.5

$R_\theta = \begin{bmatrix} \cos\theta & -\sin\theta \\ \sin\theta & \cos\theta \end{bmatrix}$ はオリエンテーションを保ち，$P = \begin{bmatrix} 0 & 3 \\ 2 & 0 \end{bmatrix}$ はオリエンテーションを保たないことを示せ．ただし，$0 \leq \theta \leq \pi$ とする．

演習問題 3.6

A を 2 次正方行列とし，$\boldsymbol{a}_1, \boldsymbol{a}_2 \in \mathbb{R}^2$ を相異なる $\mathbf{0}$ でない任意のベクトルとする．また，S を $\boldsymbol{a}_1$ と $\boldsymbol{a}_2$ を 2 辺とする平行四辺形の面積とし，$T(S)$ を $A\boldsymbol{a}_1, A\boldsymbol{a}_2$ を 2 辺とする平行四辺形の面積とする．このとき，

$$T(S) = |\mathrm{det}A|S$$

が成立することを示せ．

Section 3.3
行列式の性質

列に関する行列式の性質

定理 3.5 . n 次正方行列 $A = [\boldsymbol{a}_1, \boldsymbol{a}_2, \cdots, \boldsymbol{a}_n]$ について次のことが成立する.

(1) ある列の成分の全てが 0 ならば, $\det A = 0$ である.

$$\det[\boldsymbol{a}_1, \cdots, \boldsymbol{0}, \cdots, \boldsymbol{a}_n] = 0$$

(2) 等しい 2 つの列があれば $\det A = 0$ である.

$$\det[\boldsymbol{a}_1, \cdots, \boldsymbol{a}_j, \cdots, \boldsymbol{a}_j, \cdots, \boldsymbol{a}_n] = 0$$

(3) ある列の定数倍を他の列に加えても行列式の値は変わらない.

$$\det[\boldsymbol{a}_1, \cdots, \boldsymbol{a}_i, \cdots, \boldsymbol{a}_j, \cdots, \boldsymbol{a}_n] = \det[\boldsymbol{a}_1, \cdots, \boldsymbol{a}_i + x\boldsymbol{a}_j, \cdots \boldsymbol{a}_j, \cdots, \boldsymbol{a}_n]$$

転置行列の行列式

定理 3.6 . n 次正方行列 A に対して, 次式が成立する.

$$\det A = \det({}^t A) \qquad (3.8)$$

行に関する行列式の性質

系 3.2 . n 次正方行列 A に対して次が成り立つ.

(1) ある行の成分のすべてが 0 ならば, $\det A = 0$.

(2) 等しい 2 つの行があれば, $\det A = 0$.

(3) ある行の定数倍を他の行に加えても行列式の値は変わらない. さらに, 行列式について, その行に関しても多重線形性, 交代性が成り立つ.

行列式の積の性質

定理 3.7 . A と B がともに n 次正方行列であるとき，次式が成立する．

$$\det(AB) = \det A \det B \tag{3.9}$$

行列式の性質を用いた計算

問題 3.6 . 次の問に答えよ．

(1) 行列式 $\begin{vmatrix} a & a^2 & b+c \\ b & b^2 & c+a \\ c & c^2 & a+b \end{vmatrix}$ を計算せよ．ただし，計算する際には，行列式の性質を用いて必ず $\begin{vmatrix} * & 0 & 0 \\ 0 & * & * \\ 0 & * & * \end{vmatrix}$ の形に変形し，変形毎にどのような変形を行ったか明記すること．

(2) $\begin{vmatrix} b_1+c_1 & c_1+a_1 & a_1+b_1 \\ b_2+c_2 & c_2+a_2 & a_2+b_2 \\ b_3+c_3 & c_3+a_3 & a_3+b_3 \end{vmatrix} = 2\begin{vmatrix} a_1 & b_1 & c_1 \\ a_2 & b_2 & c_2 \\ a_3 & b_3 & c_3 \end{vmatrix}$ を示せ．

（解答）

(1)

$$\begin{vmatrix} a & a^2 & b+c \\ b & b^2 & c+a \\ c & c^2 & a+b \end{vmatrix} \overset{\text{第 3 列+第 1 列}}{=\!=\!=} \begin{vmatrix} a+b+c & a^2 & b+c \\ b+c+a & b^2 & c+a \\ c+a+b & c^2 & a+b \end{vmatrix}$$

$$= (a+b+c)\begin{vmatrix} 1 & a^2 & b+c \\ 1 & b^2 & c+a \\ 1 & c^2 & a+b \end{vmatrix}$$

$$\underset{}{\overset{\text{第 1 列}\times(-a^2)+\text{第 2 列}}{=\!=\!=}} (a+b+c)\begin{vmatrix} 1 & 0 & b+c \\ 1 & b^2-a^2 & c+a \\ 1 & c^2-a^2 & a+b \end{vmatrix}$$

$$\overset{\text{第 1 列}\times(-b-c)+\text{第 3 列}}{=\!=\!=} (a+b+c)\begin{vmatrix} 1 & 0 & 0 \\ 1 & b^2-a^2 & a-b \\ 1 & c^2-a^2 & a-c \end{vmatrix}$$

$$\underset{\text{第 3 行}-\text{第 1 行}}{\overset{\text{第 2 行}-\text{第 1 行}}{=\!=\!=}} (a+b+c)\begin{vmatrix} 1 & 0 & 0 \\ 0 & b^2-a^2 & a-b \\ 0 & c^2-a^2 & a-c \end{vmatrix}$$

$$= (a+b+c)\{(a-c)(b-a)(b+a)-(b-a)(c+a)(a-c)\}$$

$$= (a+b+c)(a-c)(b-a)(b+a-c-a)$$

$$= (a+b+c)(a-c)(b-a)(b-c)$$

(2) $\boldsymbol{a} = \begin{bmatrix} a_1 \\ a_2 \\ a_3 \end{bmatrix}$, $\boldsymbol{b} = \begin{bmatrix} b_1 \\ b_2 \\ b_3 \end{bmatrix}$, $\boldsymbol{a} = \begin{bmatrix} c_1 \\ c_2 \\ c_3 \end{bmatrix}$ とすると，行列式の性質（多重線形性，交代性，定理 3.5(2)）より

$$\begin{vmatrix} b_1+c_1 & c_1+a_1 & a_1+b_1 \\ b_2+c_2 & c_2+a_2 & a_2+b_2 \\ b_3+c_3 & c_3+a_3 & a_3+b_3 \end{vmatrix} = \det[\boldsymbol{b}+\boldsymbol{c}, \boldsymbol{c}+\boldsymbol{a}, \boldsymbol{a}+\boldsymbol{b}]$$

$$\begin{aligned}
&= \det[\boldsymbol{b}, \boldsymbol{c}+\boldsymbol{a}, \boldsymbol{a}+\boldsymbol{b}] + \det[\boldsymbol{c}, \boldsymbol{c}+\boldsymbol{a}, \boldsymbol{a}+\boldsymbol{b}] \\
&= \det[\boldsymbol{b}, \boldsymbol{c}, \boldsymbol{a}+\boldsymbol{b}] + \det[\boldsymbol{b}, \boldsymbol{a}, \boldsymbol{a}+\boldsymbol{b}] \\
&\qquad + \det[\boldsymbol{c}, \boldsymbol{c}, \boldsymbol{a}+\boldsymbol{b}] + \det[\boldsymbol{c}, \boldsymbol{a}, \boldsymbol{a}+\boldsymbol{b}] \\
&= \det[\boldsymbol{b}, \boldsymbol{c}, \boldsymbol{a}] + \det[\boldsymbol{b}, \boldsymbol{c}, \boldsymbol{b}] + \det[\boldsymbol{b}, \boldsymbol{a}, \boldsymbol{a}] \\
&\qquad + \det[\boldsymbol{b}, \boldsymbol{a}, \boldsymbol{b}] + \det[\boldsymbol{c}, \boldsymbol{a}, \boldsymbol{a}] + \det[\boldsymbol{c}, \boldsymbol{a}, \boldsymbol{b}] \\
&= \det[\boldsymbol{b}, \boldsymbol{c}, \boldsymbol{a}] + \det[\boldsymbol{c}, \boldsymbol{a}, \boldsymbol{b}] = 2\det[\boldsymbol{a}, \boldsymbol{b}, \boldsymbol{c}]
\end{aligned}$$

■

【評価基準・注意】==============================

- 計算過程や考え方を示さず，答えしか書いていないものは 0 点.
- 説明不足も大幅に減点する．例えば，いきなり，$\det[\boldsymbol{b}+\boldsymbol{c},\boldsymbol{c}+\boldsymbol{a},\boldsymbol{a}+\boldsymbol{b}] = \det[\boldsymbol{b},\boldsymbol{c},\boldsymbol{a}]+\det[\boldsymbol{c},\boldsymbol{a},\boldsymbol{b}]$ と書いているものが対象.
- 考え方や理由が間違えているものは 0 点.
- $\det[\boldsymbol{a},\boldsymbol{b},\boldsymbol{c}]$ を $|\boldsymbol{a}\ \boldsymbol{b}\ \boldsymbol{c}|$ と書いてもよいが，断りもなく $[\boldsymbol{a},\boldsymbol{b},\boldsymbol{c}]$，$\boldsymbol{abc}$, $(\boldsymbol{a},\boldsymbol{b},\boldsymbol{c})$ などと書いてはいけない.

======================================

■■■ 演習問題 ■■■■■■■■■■■■■■■■■■■■■■■■■

演習問題 3.7

行列式 $\begin{vmatrix} 1230 & 1231 & 1232 & 1233 \\ 1231 & 1232 & 1233 & 1234 \\ 1232 & 1233 & 1234 & 1235 \\ 1233 & 1234 & 1235 & 1236 \end{vmatrix}$ を計算せよ.

演習問題 3.8

次の行列式を計算せよ．ただし，行列式の性質を用いて，行列式を $\begin{vmatrix} * & * & * \\ 0 & * & * \\ 0 & 0 & * \end{vmatrix}$ の形に変形して計算すること.

(1) $\begin{vmatrix} 1 & 1 & 1 \\ 6 & 4 & 2 \\ 8 & 5 & 3 \end{vmatrix}$　　(2) $\begin{vmatrix} 5 & 1 & 7 \\ 20 & -51 & 67 \\ 35 & 62 & -29 \end{vmatrix}$

行列式の性質

問題 3.7 . n 次の正則行列 A に対して $\det(A^{-1}) = \dfrac{1}{\det A}$ が成り立つことを示せ.

(解答)

行列式の定義より，n 次単位行列 E_n に対して $\det E_n = 1$ なので,

$$1 = \det E_n = \det(AA^{-1}) = \det A \det(A^{-1})$$

が成り立つ．よって，$\det(A^{-1}) = \dfrac{1}{\det A}$ が成り立つ. ■

【評価基準・注意】 ==============================

- $\det A \det(A^{-1}) = 1$ を明記すること．行列式の積に関する性質より，$\det A \det(A^{-1}) = 1$ を導けることが本質的である．
- 単位行列 E_n を $\boldsymbol{e}$，$\boldsymbol{e}_n$，$\boldsymbol{e}^n$ などと書かない．一般に $\boldsymbol{e}$ はベクトルを表す．
- $\det(A^{-1})$ を $\det(A^{-1}E_n)$ と書いてもよいが，$\det\left(\frac{E_n}{A}\right)$ と書いてはいけない．A^{-1} は数ではない．同様に，$\det(A^{-1})$ を $\det\frac{1}{A}$ と書いてはいけない．また，$\det(A^{-1})$ を $\det(A^{-1}\times 1)$ と書かないようにせよ．強いて書くならば $A^{-1} = 1A^{-1}$ とすべきである．
- $\det(AA^{-1}) = 1$ であって，$\det(AA^{-1}) = E_n$ ではない．A は行列だが，$\det A$ はスカラーであることに注意せよ．
- 単位行列 E_n が E^n になっていないか？
- 証明すべき結果を使っているものは 0 点．例えば，$\det(A^{-1}) = \dfrac{1}{\det A}$ の両辺に $\det A$ を掛けて証明しようとしたり，いきなり「$\det(A^{-1}) = (\det A)^{-1}$ なので」しているものが対象．
- $\mathrm{Cof}(A^{-1})\mathrm{Cof}(A) = E_n$ を示せば，
$E_n = AA^{-1} = \frac{1}{\det(A^{-1})\det A}\mathrm{Cof}(A^{-1})\mathrm{Cof}(A) = \frac{1}{\det A \det A^{-1}}E_n$ を使って $\det(A^{-1})\det A = 1$ を導いてもよい．しかし，通常は，$\mathrm{Cof}(A^{-1})\mathrm{Cof}(A) = E_n$ を導くため，次のように証明すべき結果 $\det(A^{-1})\det A = 1$ を利用するので，実質的に $\mathrm{Cof}(A^{-1})\mathrm{Cof}(A) = E_n$ は利用できない．
（$\mathrm{Cof}(A^{-1})\mathrm{Cof}(A) = E_n$ の証明）
$A = \frac{1}{\det(A^{-1})}\mathrm{Cof}(A^{-1})$，$A^{-1} = \frac{1}{\det A}\mathrm{Cof}(A)$ なので，$E_n = AA^{-1} = \frac{1}{\det(A^{-1})\det A}\mathrm{Cof}(A^{-1})\mathrm{Cof}(A) = \mathrm{Cof}(A^{-1})\mathrm{Cof}(A)$ である．

==============================

■■■ 演習問題 ■■■■■■■■■■■■■■■■■■■■■■■■■■

演習問題 3.9

A を n 次正方実行列とする．次の中から間違っているものをすべて選び，それらを訂正せよ．

(1) $\det A = 2$ ならば $\det A^2 = 4$
(2) $\det {}^tA = -\det A$
(3) $\det(-A) = -\det A$
(4) $A^3 = O$(零行列) ならば，$\det A = 0$
(5) A が正則ならば，$\det A^{-1} = \det A$
(6) A が正則ならば，$(\det A)(\det A^{-1}) = 1$

Section 3.4
余因子展開

小行列式

定義 3.13 . n 次正方行列 A について，その第 i 行と第 j 列を取り除いて得られる $n-1$ 次正方行列を A_{ij} と書く．また，$\det A_{ij}$ を $n-1$ 次の**小行列式**という．

余因子

定義 3.14 . n 次行列 A と $1 \leq i, j \leq n$ に対して，

$$\Delta(A)_{ij} = (-1)^{i+j}\det A_{ij} \tag{3.10}$$

とおいて，これを A の (i,j) **余因子**という．

行に関する余因子展開

定理 3.8 . n 次正方行列 A と $1 \leq i \leq n$ に対して，次の等式が成り立つ．

$$\det A = a_{i1}\Delta(A)_{i1} + a_{i2}\Delta(A)_{i2} + \cdots + a_{in}\Delta(A)_{in} \tag{3.11}$$

この等式を一般に第 i 行に関する**余因子展開**という．

列に関する余因子展開

定理 3.9． n 次正方行列 A と $1 \leq j \leq n$ に対して，次の等式が成り立つ．

$$\det A = a_{1j}\Delta(A)_{1j} + a_{2j}\Delta(A)_{2j} + \cdots + a_{nj}\Delta(A)_{nj} \tag{3.12}$$

この等式を一般に第 j 列に関する余因子展開という．

余因子展開による計算

問題 3.8． 次の行列式の値を求めよ．

(1) $\begin{vmatrix} 1 & 5 & 0 \\ 2 & 4 & -1 \\ 0 & -2 & 0 \end{vmatrix}$ (2) $\begin{vmatrix} 2 & -5 & 7 & 3 \\ 0 & 1 & 5 & 0 \\ 0 & 2 & 4 & -1 \\ 0 & 0 & -2 & 0 \end{vmatrix}$

(3) $\begin{vmatrix} 3 & -7 & 8 & 9 & -6 \\ 0 & 2 & -5 & 7 & 3 \\ 0 & 0 & 1 & 5 & 0 \\ 0 & 0 & 2 & 4 & -1 \\ 0 & 0 & 0 & -2 & 0 \end{vmatrix}$

（解答）

(1) 第3行について余因子展開すると次のようになる．

$$\begin{vmatrix} 1 & 5 & 0 \\ 2 & 4 & -1 \\ 0 & -2 & 0 \end{vmatrix} = -2(-1)^{3+2}\begin{vmatrix} 1 & 0 \\ 2 & -1 \end{vmatrix} = 2(-1) = -2$$

(2) 第 1 列について余因子展開すると (1) より,

$$\begin{vmatrix} 2 & -5 & 7 & 3 \\ 0 & 1 & 5 & 0 \\ 0 & 2 & 4 & -1 \\ 0 & 0 & -2 & 0 \end{vmatrix} = 2(-1)^{1+1} \begin{vmatrix} 1 & 5 & 0 \\ 2 & 4 & -1 \\ 0 & -2 & 0 \end{vmatrix} = 2 \cdot (-2) = -4$$

(3) 第 1 列について余因子展開すると (2) より,

$$\begin{vmatrix} 3 & -7 & 8 & 9 & -6 \\ 0 & 2 & -5 & 7 & 3 \\ 0 & 0 & 1 & 5 & 0 \\ 0 & 0 & 2 & 4 & -1 \\ 0 & 0 & 0 & -2 & 0 \end{vmatrix} = 3(-1)^{1+1} \begin{vmatrix} 2 & -5 & 7 & 3 \\ 0 & 1 & 5 & 0 \\ 0 & 2 & 4 & -1 \\ 0 & 0 & -2 & 0 \end{vmatrix}$$

$$= 3 \cdot (-4) = -12$$

■

【評価基準・注意】==============================

- 例えば, $\begin{vmatrix} 1 & 5 & 0 \\ 2 & 4 & -1 \\ 0 & -2 & 0 \end{vmatrix} = \underline{-2}(-1)^{3+2} \begin{vmatrix} 1 & 0 \\ 2 & -1 \end{vmatrix}$ とすべきところを,
$\begin{vmatrix} 1 & 5 & 0 \\ 2 & 4 & -1 \\ 0 & -2 & 0 \end{vmatrix} = (-1)^{3+2} \begin{vmatrix} 1 & 0 \\ 2 & -1 \end{vmatrix}$ としないようにせよ.

==

演習問題

演習問題 3.10

第 3 行に関する余因子展開を行い $\begin{vmatrix} 1 & 5 & 0 \\ 2 & 4 & -1 \\ 0 & -2 & 0 \end{vmatrix}$ を求めよ．

演習問題 3.11

次の行列式を計算せよ．

(1) $\begin{vmatrix} 1 & -1 & 1 & 0 \\ 0 & 1 & 0 & 2 \\ 1 & 0 & 1 & 1 \\ 1 & 2 & 3 & 4 \end{vmatrix}$　　(2) $\begin{vmatrix} 3 & 2 & 1 & 0 \\ 1 & 2 & 3 & 4 \\ 2 & 1 & 0 & -1 \\ -1 & 3 & 2 & 1 \end{vmatrix}$

Section 3.5
余因子行列と逆行列

余因子行列

定義 3.15． n 次正方行列 A に対して，その**余因子行列** $\mathrm{Cof}(A)$ を，その (i,j) 成分が (j,i) 余因子 $\Delta(A)_{ji}$ であるような n 次正方行列として定義する．

$$\mathrm{Cof}(A) = {}^t(\Delta(A)_{ij}) \tag{3.13}$$

なお，余因子行列を $\mathrm{adj}A$ や $\widetilde{A}$ と表すことがある．

余因子行列と逆行列

定理 3.10． n 次正方行列 A が正則であるための必要十分条件は $\det A \neq 0$ が成り立つことである．また，このとき，

$$A^{-1} = \frac{1}{\det A}\mathrm{Cof}(A) \tag{3.14}$$

が成り立つ．

2次の余因子行列・行列式

例 3.3． $A = \begin{bmatrix} a & b \\ c & d \end{bmatrix}$ のとき，$\begin{bmatrix} d & -b \\ -c & a \end{bmatrix}$ が A の余因子行列である．
また，$ad - bc$ が A の行列式である．したがって，定理 3.10 より

$$A^{-1} = \frac{1}{ad - bc} \begin{bmatrix} d & -b \\ -c & a \end{bmatrix} \tag{3.15}$$

が成り立つ．

2次行列の逆行列

問題 3.9． $A = \begin{bmatrix} 5 & -2 \\ 1 & 1 \end{bmatrix}$ の逆行列が存在すればそれを求めよ．

（解答）

$\det A = 5 - (-2) = 7 \neq 0$ なので A^{-1} が存在し，

$$A^{-1} = \frac{1}{\det A} \begin{bmatrix} 1 & 2 \\ -1 & 5 \end{bmatrix} = \frac{1}{7} \begin{bmatrix} 1 & 2 \\ -1 & 5 \end{bmatrix}$$

■

演習問題

演習問題 3.12

$A = \begin{bmatrix} 3 & 4 \\ 5 & 6 \end{bmatrix}$ の逆行列が存在すればそれを求めよ．

余因子行列と逆行列の計算

問題 3.10． 行列 $A = \begin{bmatrix} 2 & 1 & 3 \\ 1 & -1 & 1 \\ 1 & 4 & -2 \end{bmatrix}$ に対して次の問に答えよ．

(1) A の行列式 $\det A$ を求めよ．

(2) A の (i, j) 余因子 $\Delta(A)_{ij}$ をすべて求めよ．ただし，$1 \leq i, j \leq 3$ である．

(3) A の余因子行列 $\mathrm{Cof}(A)$ を求めよ．

(4) A の逆行列 A^{-1} を求めよ．

（解答）

(1) 第3行から第2行を引き，第1行から第2行の2倍を引いた後，第1列について余因子展開すると，

$$\det A = \begin{vmatrix} 0 & 3 & 1 \\ 1 & -1 & 1 \\ 0 & 5 & -3 \end{vmatrix} = (-1)^{2+1} \begin{vmatrix} 3 & 1 \\ 5 & -3 \end{vmatrix} = -(-9-5) = 14$$

(2)

$$\Delta(A)_{11} = \begin{vmatrix} -1 & 1 \\ 4 & -2 \end{vmatrix} = -2 \qquad \Delta(A)_{12} = -\begin{vmatrix} 1 & 1 \\ 1 & -2 \end{vmatrix} = 3$$

$$\Delta(A)_{13} = \begin{vmatrix} 1 & -1 \\ 1 & 4 \end{vmatrix} = 5 \qquad \Delta(A)_{21} = -\begin{vmatrix} 1 & 3 \\ 4 & -2 \end{vmatrix} = 14$$

$$\Delta(A)_{22} = \begin{vmatrix} 2 & 3 \\ 1 & -2 \end{vmatrix} = -7 \qquad \Delta(A)_{23} = -\begin{vmatrix} 2 & 1 \\ 1 & 4 \end{vmatrix} = -7$$

$$\Delta(A)_{31} = \begin{vmatrix} 1 & 3 \\ -1 & 1 \end{vmatrix} = 4 \qquad \Delta(A)_{32} = -\begin{vmatrix} 2 & 3 \\ 1 & 1 \end{vmatrix} = 1$$

$$\Delta(A)_{33} = \begin{vmatrix} 2 & 1 \\ 1 & -1 \end{vmatrix} = -3$$

(3) $\mathrm{Cof}(A) = \begin{bmatrix} \Delta(A)_{11} & \Delta(A)_{21} & \Delta(A)_{31} \\ \Delta(A)_{12} & \Delta(A)_{22} & \Delta(A)_{32} \\ \Delta(A)_{13} & \Delta(A)_{23} & \Delta(A)_{33} \end{bmatrix} = \begin{bmatrix} -2 & 14 & 4 \\ 3 & -7 & 1 \\ 5 & -7 & -3 \end{bmatrix}$

(4) $A^{-1} = \dfrac{1}{\det A}\mathrm{Cof}(A) = \dfrac{1}{14}\begin{bmatrix} -2 & 14 & 4 \\ 3 & -7 & 1 \\ 5 & -7 & -3 \end{bmatrix}$

■

【評価基準・注意】＝＝＝＝＝＝＝＝＝＝＝＝＝＝＝＝＝＝＝＝＝＝＝＝＝＝＝＝＝＝

- (3) や (4) で行列を $\begin{vmatrix} a & b \\ c & d \end{vmatrix}$ のように書かないようにせよ．$\begin{bmatrix} a & b \\ c & d \end{bmatrix}$ は行列で $\begin{vmatrix} a & b \\ c & d \end{vmatrix}$ は行列 式 である．
- $\begin{bmatrix} -2 & 14 & 4 \\ 3 & -7 & 1 \\ 5 & -7 & -3 \end{bmatrix}$ を整理しようとして，
  $\begin{bmatrix} -2 & 14 & 4 \\ 3 & -7 & 1 \\ 5 & -7 & -3 \end{bmatrix} = 7\begin{bmatrix} -2 & 2 & 4 \\ 3 & -1 & 1 \\ 5 & -1 & -3 \end{bmatrix}$ としないこと．行列に関しては $\begin{bmatrix} -2 & 14 & 4 \\ 3 & -7 & 1 \\ 5 & -7 & -3 \end{bmatrix} \neq 7\begin{bmatrix} -2 & 2 & 4 \\ 3 & -1 & 1 \\ 5 & -1 & -3 \end{bmatrix}$ である．ただし，行列式については $\begin{vmatrix} -2 & 14 & 4 \\ 3 & -7 & 1 \\ 5 & -7 & -3 \end{vmatrix} = 7\begin{vmatrix} -2 & 2 & 4 \\ 3 & -1 & 1 \\ 5 & -1 & -3 \end{vmatrix}$ が成り立つ．
- (1) や (2) で答えしか書いていないものは減点対象とする．理解度を判断できない．
- 余因子の計算の際に，符号を付け忘れないようにせよ．例えば，$\Delta(A)_{12} = (-1)^{1+2}\begin{vmatrix} 1 & 1 \\ 1 & -2 \end{vmatrix}$ を計算するときに，$(-1)^{1+2}$ を忘れないようにせよ．

＝＝＝＝＝＝＝＝＝＝＝＝＝＝＝＝＝＝＝＝＝＝＝＝＝＝＝＝＝＝＝＝＝＝＝＝＝＝＝

演習問題

演習問題 3.13

$A = \begin{bmatrix} 1 & 2 & -1 \\ -1 & -1 & 2 \\ 2 & -1 & 1 \end{bmatrix}$ が正則かどうかを判定し，正則の場合は A の余因子行列 $\mathrm{Cof}(A)$ を求め，$\mathrm{Cof}(A)$ を利用して逆行列 A^{-1} を求めよ．

演習問題 3.14

2 つの n 次正方行列 A, X に対して $AX = E_n$ または $XA = E_n$ が成り立てば，A は正則行列で，$X = A^{-1}$ が成り立つことを示せ．

Section 3.6
クラメールの公式

連立一次方程式の表現

連立一次方程式 $\begin{cases} a_{11}x_1 + a_{12}x_2 + \cdots + a_{1n}x_n = b_1 \\ a_{21}x_1 + a_{22}x_2 + \cdots + a_{2n}x_n = b_2 \\ \vdots \\ a_{n1}x_1 + a_{n2}x_2 + \cdots + a_{nn}x_n = b_n \end{cases}$ は，

$$\begin{bmatrix} a_{11} & a_{12} & \cdots & a_{1n} \\ a_{21} & a_{22} & \cdots & a_{2n} \\ \vdots & \vdots & \cdots & \vdots \\ a_{n1} & a_{n2} & \cdots & a_{nn} \end{bmatrix} \begin{bmatrix} x_1 \\ x_2 \\ \vdots \\ x_n \end{bmatrix} = \begin{bmatrix} b_1 \\ b_2 \\ \vdots \\ b_n \end{bmatrix}$$ と書けるので，

これを $A\boldsymbol{x} = \boldsymbol{b}$ と書く．

正則性と連立一次方程式の解の存在

定理 3.11． n 次正方行列 A が正則ならば，$A\boldsymbol{x} = \boldsymbol{b}$ の解がただ 1 つ存在する．

クラメールの公式

定理 3.12 . n 次正方行列 $A = [\boldsymbol{a}_1, \boldsymbol{a}_2, \ldots, \boldsymbol{a}_n]$ が正則であるとき，$A\boldsymbol{x} = \boldsymbol{b}$ の解 $\boldsymbol{x}$ はただ 1 つ存在して，その各成分は次の公式で与えられる．

$$x_i = \frac{\det[\boldsymbol{a}_1, \ldots, \boldsymbol{a}_{i-1}, \boldsymbol{b}, \boldsymbol{a}_{i+1}, \ldots, \boldsymbol{a}_n]}{\det A} \tag{3.16}$$

クラメールの公式

問題 3.11 . 連立一次方程式

$$\begin{cases} x - 2y + 2z = 6 \\ 3x - 4y + z = 7 \\ x + 4y + 8z = 15 \end{cases}$$

をクラメールの公式で解け．

（解答）

$$A = [\boldsymbol{a}_1, \boldsymbol{a}_2, \boldsymbol{a}_3] = \begin{bmatrix} 1 & -2 & 2 \\ 3 & -4 & 1 \\ 1 & 4 & 8 \end{bmatrix}, \quad \boldsymbol{b} = \begin{bmatrix} 6 \\ 7 \\ 15 \end{bmatrix}$$ とすると，

$$\det A = \begin{vmatrix} 1 & 0 & 0 \\ 3 & 2 & -5 \\ 1 & 6 & 6 \end{vmatrix} = \begin{vmatrix} 2 & -5 \\ 6 & 6 \end{vmatrix} = 12 + 30 = 42$$

$$x = \frac{1}{\det A} \det[\boldsymbol{b}, \boldsymbol{a}_2, \boldsymbol{a}_3] = \frac{1}{42} \begin{vmatrix} 6 & -2 & 2 \\ 7 & -4 & 1 \\ 15 & 4 & 8 \end{vmatrix} = \frac{1}{21} \begin{vmatrix} 0 & 0 & 1 \\ 4 & -3 & 1 \\ -9 & 12 & 8 \end{vmatrix}$$

$$= \frac{1}{21}\begin{vmatrix} 4 & -3 \\ -9 & 21 \end{vmatrix} = \frac{1}{21}(48-27) = 1$$

$$y = \frac{1}{\det A}\det[\boldsymbol{a}_1, \boldsymbol{b}, \boldsymbol{a}_3] = \frac{1}{42}\begin{vmatrix} 1 & 6 & 2 \\ 3 & 7 & 1 \\ 1 & 15 & 8 \end{vmatrix} = \frac{1}{42}\begin{vmatrix} 1 & 0 & 0 \\ 3 & -11 & -5 \\ 1 & 9 & 6 \end{vmatrix}$$

$$= \frac{1}{42}\begin{vmatrix} -11 & -5 \\ 9 & 6 \end{vmatrix} = \frac{1}{42}(-66+45) = -\frac{1}{2}$$

$$z = \frac{1}{\det A}\det[\boldsymbol{a}_1, \boldsymbol{a}_2, \boldsymbol{b}] = \frac{1}{42}\begin{vmatrix} 1 & -2 & 6 \\ 3 & -4 & 7 \\ 1 & 4 & 15 \end{vmatrix} = \frac{1}{21}\begin{vmatrix} 1 & 0 & 0 \\ 3 & 1 & -11 \\ 1 & 3 & 9 \end{vmatrix}$$

$$= \frac{1}{21}\begin{vmatrix} 1 & -11 \\ 3 & 9 \end{vmatrix} = \frac{1}{21}(9+33) = 2$$

■

【評価基準・注意】==============================

- クラメールの公式以外で解いていたら0点．ここでは，解法を指定している．
- 行列式 $\begin{vmatrix} a & b \\ c & d \end{vmatrix}$ を行列 $\begin{bmatrix} a & b \\ c & d \end{bmatrix}$ のように書かない．
- 行列式を計算するときは，なるべく式を簡単にすること．サラスの計算法をすぐに使うと計算ミスの元となる．
- 途中の計算過程を示していないものは，その程度に応じて減点する．

==

■■■ 演習問題 ■■■■■■■■■■■■■■■■■■■■■■■■■■■

演習問題 3.15

連立一次方程式

$$\begin{cases} 2x + 5y - z = 7 \\ -2x - 6y + 7z = -3 \\ x + 3y - z = 4 \end{cases}$$

をクラメールの公式で解け．

Section 3.7
外積と 3 次行列の逆行列

外積

定義 3.16 . 空間ベクトル $\boldsymbol{a} = \begin{bmatrix} a_1 \\ a_2 \\ a_3 \end{bmatrix}, \boldsymbol{b} = \begin{bmatrix} b_1 \\ b_2 \\ b_3 \end{bmatrix}$ に対して，ベクトル

$$\boldsymbol{a} \times \boldsymbol{b} = \begin{bmatrix} a_2 b_3 - a_3 b_2 \\ a_3 b_1 - a_1 b_3 \\ a_1 b_2 - a_2 b_1 \end{bmatrix} \tag{3.17}$$

を $\boldsymbol{a}$ と $\boldsymbol{b}$ の**外積**または**ベクトル積**という.

外積は，第 1 行に関する余因子展開と 3 次元基本ベクトル $\boldsymbol{e}_1, \boldsymbol{e}_2, \boldsymbol{e}_3$ を用いて，記号上,

$$\begin{aligned} \boldsymbol{a} \times \boldsymbol{b} &= \begin{vmatrix} \boldsymbol{e}_1 & \boldsymbol{e}_2 & \boldsymbol{e}_3 \\ a_1 & a_2 & a_3 \\ b_1 & b_2 & b_3 \end{vmatrix} = \begin{vmatrix} a_2 & a_3 \\ b_2 & b_3 \end{vmatrix} \boldsymbol{e}_1 - \begin{vmatrix} a_1 & a_3 \\ b_1 & b_3 \end{vmatrix} \boldsymbol{e}_2 + \begin{vmatrix} a_1 & a_2 \\ b_1 & b_2 \end{vmatrix} \boldsymbol{e}_3 \\ &= {}^t\left[\begin{vmatrix} a_2 & a_3 \\ b_2 & b_3 \end{vmatrix}, \begin{vmatrix} a_3 & a_1 \\ b_3 & b_1 \end{vmatrix}, \begin{vmatrix} a_1 & a_2 \\ b_1 & b_2 \end{vmatrix} \right] \end{aligned}$$

と書ける.

外積の性質

定理 3.13 . $\boldsymbol{a}_1$, $\boldsymbol{a}_2$, $\boldsymbol{a}$, $\boldsymbol{b}$, $\boldsymbol{b}_1$, $\boldsymbol{b}_2 \in \mathbb{R}^3$ と $x_1, x_2 \in \mathbb{R}$ について，次が成り立つ．

(双線形性) $\begin{cases} (x_1\boldsymbol{a}_1 + x_2\boldsymbol{a}_2) \times \boldsymbol{b} = x_1(\boldsymbol{a}_1 \times \boldsymbol{b}) + x_2(\boldsymbol{a}_2 \times \boldsymbol{b}) \\ \boldsymbol{a} \times (x_1\boldsymbol{b}_1 + x_2\boldsymbol{b}_2) = x_1(\boldsymbol{a} \times \boldsymbol{b}_1) + x_2(\boldsymbol{a} \times \boldsymbol{b}_2) \end{cases}$

(歪対称性) $\boldsymbol{a} \times \boldsymbol{b} = -(\boldsymbol{b} \times \boldsymbol{a})$ および $\boldsymbol{a} \times \boldsymbol{a} = \boldsymbol{0}$

(直交性) $(\boldsymbol{a} \times \boldsymbol{b}, \boldsymbol{a}) = (\boldsymbol{a} \times \boldsymbol{b}, \boldsymbol{b}) = 0$

外積と3次行列の行列式

定理 3.14 . 3つの空間ベクトル $\boldsymbol{a}, \boldsymbol{b}, \boldsymbol{c}$ について，次の等式が成立する．

$$(\boldsymbol{a} \times \boldsymbol{b}, \boldsymbol{c}) = (\boldsymbol{b} \times \boldsymbol{c}, \boldsymbol{a}) = (\boldsymbol{c} \times \boldsymbol{a}, \boldsymbol{b}) \tag{3.18}$$

また，$\boldsymbol{a}, \boldsymbol{b}, \boldsymbol{c}$ の中に等しいベクトルがある場合にはこの値は0である．さらに，これらの値は3次実行列 $A = [\boldsymbol{a}, \boldsymbol{b}, \boldsymbol{c}]$ の行列式 $\det A$ に等しい．つまり，

$$\det A = (\boldsymbol{a} \times \boldsymbol{b}, \boldsymbol{c}) = (\boldsymbol{b} \times \boldsymbol{c}, \boldsymbol{a}) = (\boldsymbol{c} \times \boldsymbol{a}, \boldsymbol{b})$$

である．

外積と3次行列の逆行列

定理 3.15 . 3次実行列 $A = [\boldsymbol{a}, \boldsymbol{b}, \boldsymbol{c}]$ の余因子行列 $\mathrm{Cof}(A)$ は，

$$\mathrm{Cof}(A) = {}^t[\boldsymbol{b} \times \boldsymbol{c}, \boldsymbol{c} \times \boldsymbol{a}, \boldsymbol{a} \times \boldsymbol{b}]$$

で与えられる．また，定理3.10より，A が正則行列のときには $A^{-1} = \dfrac{1}{\det A}\mathrm{Cof}(A)$ によって A^{-1} が計算できる．

外積の計算

問題 3.12 . ベクトル $\boldsymbol{a} = \begin{bmatrix} 2 \\ 1 \\ 3 \end{bmatrix}, \boldsymbol{b} = \begin{bmatrix} -1 \\ 2 \\ -1 \end{bmatrix}, \boldsymbol{c} = \begin{bmatrix} 3 \\ 1 \\ 2 \\ -2 \end{bmatrix}, \boldsymbol{d} = \begin{bmatrix} -1 \\ 3 \\ 1 \\ 1 \end{bmatrix}$

に対して，標準内積 $(\boldsymbol{a}, \boldsymbol{b})$, $(\boldsymbol{b}, \boldsymbol{c})$, $(\boldsymbol{c}, \boldsymbol{d})$ および，外積 $\boldsymbol{a} \times \boldsymbol{b}$, $\boldsymbol{b} \times \boldsymbol{c}$, $\boldsymbol{c} \times \boldsymbol{d}$ のうち，定義できるものを選び，各々の場合について計算せよ．

（解答）

内積は，2 つのベクトルの次元が一致しているときに定義できるので

$(\boldsymbol{a}, \boldsymbol{b}) = -2 + 2 - 3 = -3, \quad (\boldsymbol{c}, \boldsymbol{d}) = -3 + 3 + 2 - 2 = 0.$

また，外積は 3 次元ベクトルのみに定義されるので，

$$\boldsymbol{a} \times \boldsymbol{b} = \begin{bmatrix} 1 \cdot (-1) - 3 \cdot 2 \\ 3 \cdot (-1) - 2 \cdot (-1) \\ 2 \cdot 2 - 1 \cdot (-1) \end{bmatrix} = \begin{bmatrix} -7 \\ -1 \\ 5 \end{bmatrix}$$

■

【評価基準・注意】==============================

- 外積は空間ベクトル特有の概念であることに注意せよ．

==

演習問題

演習問題 3.16

$\boldsymbol{a} = \begin{bmatrix} 1 \\ 4 \\ 5 \end{bmatrix}$, $\boldsymbol{b} = \begin{bmatrix} 2 \\ 7 \\ 9 \end{bmatrix}$ とするとき，外積 $\boldsymbol{a} \times \boldsymbol{b}$ を求めよ．

演習問題 3.17

空間ベクトル $\boldsymbol{a} = \begin{bmatrix} a_1 \\ a_2 \\ a_3 \end{bmatrix}$, $\boldsymbol{b} = \begin{bmatrix} b_1 \\ b_2 \\ b_3 \end{bmatrix}$ に対して，$\boldsymbol{a} \times \boldsymbol{b}$ を $\boldsymbol{a}$ と $\boldsymbol{b}$ の外積とし，$\boldsymbol{a}$ と $\boldsymbol{b}$ の標準内積を $(\boldsymbol{a}, \boldsymbol{b})$ とするとき，$(\boldsymbol{a} \times \boldsymbol{b}, \boldsymbol{b}) = 0$ を示せ．

演習問題 3.18

空間ベクトル $\boldsymbol{a}$ と $\boldsymbol{b}$ に対して

$$|\boldsymbol{a} \times \boldsymbol{b}|^2 = |\boldsymbol{a}|^2 |\boldsymbol{b}|^2 - (\boldsymbol{a}, \boldsymbol{b})^2$$

が成り立つことを示せ．

演習問題 3.19

空間ベクトル $\boldsymbol{a}, \boldsymbol{b}$ に対して，その外積の長さ $|\boldsymbol{a} \times \boldsymbol{b}|$ は，幾何ベクトル $\boldsymbol{a}, \boldsymbol{b}$ を 2 辺とする平行四辺形の面積に等しいことを示せ．

外積と 3 次行列の逆行列

問題 3.13 . 次の問に答えよ．

(1) 3 次行列 $A = [\boldsymbol{a}_1, \boldsymbol{a}_2, \boldsymbol{a}_3]$ において $\det[\boldsymbol{a}_1, \boldsymbol{a}_2, \boldsymbol{a}_3] = (\boldsymbol{a}_1 \times \boldsymbol{a}_2, \boldsymbol{a}_3)$ を利用し

$$\det[\boldsymbol{a}_1 + \boldsymbol{a}_1', \boldsymbol{a}_2, \boldsymbol{a}_3] = \det[\boldsymbol{a}_1, \boldsymbol{a}_2, \boldsymbol{a}_3] + \det[\boldsymbol{a}_1', \boldsymbol{a}_2, \boldsymbol{a}_3]$$

を示せ．

(2) $A = \begin{bmatrix} 1 & 2 & 1 \\ 2 & 1 & 1 \\ 1 & 1 & 2 \end{bmatrix}$ について $\det A$, $\mathrm{Cof}(A)$, A^{-1} を計算せよ．

(解答)

(1) 外積と内積の性質より

$$\begin{aligned}\det[\boldsymbol{a}_1+\boldsymbol{a}_1',\boldsymbol{a}_2,\boldsymbol{a}_3] &= ((\boldsymbol{a}_1+\boldsymbol{a}_1')\times\boldsymbol{a}_2,\boldsymbol{a}_3)\\ &= (\boldsymbol{a}_1\times\boldsymbol{a}_2,\boldsymbol{a}_3)+(\boldsymbol{a}_1'\times\boldsymbol{a}_2,\boldsymbol{a}_3)\\ &= \det[\boldsymbol{a}_1,\boldsymbol{a}_2,\boldsymbol{a}_3]+\det[\boldsymbol{a}_1',\boldsymbol{a}_2,\boldsymbol{a}_3]\end{aligned}$$

(2) サラスの計算法より,

$$\det A = (2+2+2)-(1+1+8) = -4$$

である（ここは，問題 3.4 と同じ）．また,

$$\boldsymbol{b}\times\boldsymbol{c} = \begin{bmatrix}2\\1\\1\end{bmatrix}\times\begin{bmatrix}1\\1\\2\end{bmatrix} = \begin{bmatrix}2-1\\1-4\\2-1\end{bmatrix} = \begin{bmatrix}1\\-3\\1\end{bmatrix},$$

$$\boldsymbol{c}\times\boldsymbol{a} = \begin{bmatrix}1\\1\\2\end{bmatrix}\times\begin{bmatrix}1\\2\\1\end{bmatrix} = \begin{bmatrix}1-4\\2-1\\2-1\end{bmatrix} = \begin{bmatrix}-3\\1\\1\end{bmatrix},$$

$$\boldsymbol{a}\times\boldsymbol{b} = \begin{bmatrix}1\\2\\1\end{bmatrix}\times\begin{bmatrix}2\\1\\1\end{bmatrix} = \begin{bmatrix}2-1\\2-1\\1-4\end{bmatrix} = \begin{bmatrix}1\\1\\-3\end{bmatrix}$$ なので,

$$\mathrm{Cof}(A) = {}^t[\boldsymbol{b}\times\boldsymbol{c},\boldsymbol{c}\times\boldsymbol{a},\boldsymbol{a}\times\boldsymbol{b}] = \begin{bmatrix}1 & -3 & 1\\ -3 & 1 & 1\\ 1 & 1 & -3\end{bmatrix}$$

である．ゆえに,

$$A^{-1} = \frac{1}{\det A}\mathrm{Cof}(A) = \frac{1}{4}\begin{bmatrix}-1 & 3 & -1\\ 3 & -1 & -1\\ -1 & -1 & 3\end{bmatrix}$$

■

【評価基準・注意】==============================

- $((\boldsymbol{a}_1+\boldsymbol{a}'_1)\times\boldsymbol{a}_2,\boldsymbol{a}_3)$ を $\det[(\boldsymbol{a}_1+\boldsymbol{a}'_1)\times\boldsymbol{a}_2,\boldsymbol{a}_3]$ と書かないようにせよ．
- $A^{-1}=\det A\mathrm{Cof}(A)$ と勘違いしないようにせよ．
- 余因子行列を求める際に転置をとるのを忘れないようせよ．
- (1) はサラスの計算法を利用しても証明できるが，本問では $(\boldsymbol{a}_1\times\boldsymbol{a}_2,\boldsymbol{a}_3)$ の利用を要求していることに注意せよ．
- $(\boldsymbol{a}_1+\boldsymbol{a}'_1)\times\boldsymbol{a}_2$ を $(\boldsymbol{a}_1+\boldsymbol{a}'_1)\boldsymbol{a}_2$ と書かないようにせよ．また，$(\boldsymbol{a}_1,\boldsymbol{a}_2)$ を $\boldsymbol{a}_1\boldsymbol{a}_2$ と書かないようにせよ．
- ベクトルは $\boldsymbol{a}_1$ のように太字で書くこと．

==================================

■■■ 演習問題 ■■■■■■■■■■■■■■■■■■■■■■■■

演習問題 3.20

$A=\begin{bmatrix}2&0&4\\1&1&0\\-3&-1&5\end{bmatrix}$ について $\det A$, $\mathrm{Cof}(A)$, A^{-1} を計算せよ．

第4章

掃き出し法による計算

Section 4.1

連立一次方程式の解法

掃き出し法

定義 4.1 .

$$\begin{bmatrix} a_{11} & a_{12} & \cdots & a_{1n} \\ a_{21} & a_{22} & \cdots & a_{2n} \\ \vdots & \vdots & \cdots & \vdots \\ a_{m1} & a_{m2} & \cdots & a_{mn} \end{bmatrix} \begin{bmatrix} x_1 \\ x_2 \\ \vdots \\ x_n \end{bmatrix} = \begin{bmatrix} b_1 \\ b_2 \\ \vdots \\ b_m \end{bmatrix} \tag{4.1}$$

に対して，

(1) ある行の順番を入れ換える

(2) ある行の何倍かを他の行に加える

(3) ある行に 0 でない数を掛ける

という操作を行っても (4.1) の解は変わらない．この (1)〜(3) を**行基本変形**といい，行基本変形を使って連立一次方程式を解く方法を**掃き出し法**による計算という．

拡大係数行列

定義 4.2 .

$$\left[\begin{array}{cccc|c} a_{11} & a_{12} & \cdots & a_{1n} & b_1 \\ a_{21} & a_{22} & \cdots & a_{2n} & b_2 \\ \vdots & \vdots & \cdots & \vdots & \vdots \\ a_{m1} & a_{m2} & \cdots & a_{mn} & b_m \end{array}\right] = [A\ |\boldsymbol{b}] \tag{4.2}$$

に着目して行基本変形を行えば，連立一次方程式の解を求めることができる．なお，(4.2) を**拡大係数行列**という．

連立一次方程式の解法

問題 4.1 . 連立一次方程式

$$\begin{cases} x + 2y + 3z = 1 \\ 2x + 3y + 4z = 2 \\ 3x + 4y + 5z = 3 \end{cases}$$

を掃き出し法で解け．

（解答）

行基本変形によって次のように変形する．

$$\left[\begin{array}{ccc|c} 1 & 2 & 3 & 1 \\ 2 & 3 & 4 & 2 \\ 3 & 4 & 5 & 3 \end{array}\right] \xrightarrow[\text{第 1 行}\times(-2)+\text{第 2 行}]{\text{第 1 行}\times(-3)+\text{第 3 行}} \left[\begin{array}{ccc|c} 1 & 2 & 3 & 1 \\ 0 & -1 & -2 & 0 \\ 0 & -2 & -4 & 0 \end{array}\right]$$

$$\xrightarrow[\text{第 2 行}\times 2+\text{第 1 行}]{\text{第 2 行}\times(-2)+\text{第 3 行}} \left[\begin{array}{ccc|c} 1 & 0 & -1 & 1 \\ 0 & -1 & -2 & 0 \\ 0 & 0 & 0 & 0 \end{array}\right] \xrightarrow{\text{第 2 行}\times(-1)} \left[\begin{array}{ccc|c} 1 & 0 & -1 & 1 \\ 0 & 1 & 2 & 0 \\ 0 & 0 & 0 & 0 \end{array}\right]$$

これより，$x = z + 1$, $y = -2z$, z は任意である．■

【評価基準・注意】==============================

- 列基本変形は絶対に行わないようにせよ．行基本変形は方程式の順序の入れ換えや方程式の定数倍に対応するため，本質的に方程式自体は変わらない．しかし，列基本変形を行うと変数が変わってしまうので，方程式自体が変わってしまう．
- 掃き出し法以外の方法で解いていれば，結果が正しくても 0 点．ここでは，解き方を指定している．
- 「$x = z + 1$, $y = -2z$, z は任意」は「$z = -\frac{y}{2}$, $x = -\frac{y}{2} + 1$, y は任意」とも書けるので，どちらも正解だが，後者のように書くメリットはない．
- 「方程式を解け」と出題されたら，なるべく $x = ***$, $y = ***$, $z = ***$ の形で書くのが常識である．$x - z = 1$ とか $y + 2z = 0$ と書くべきではない．
- 解答のように，どの行をどのように操作したかを明記すること．答案は採点者に見せるものなので，変形過程が明記されていないものはその程度に応じて減点する．
- 例えば，$\left[\begin{array}{cc|c} * & * & * \\ * & * & * \end{array}\right] \to \left[\begin{array}{cc|c} * & * & * \\ * & 0 & 0 \end{array}\right]$ を「=」を使って $\left[\begin{array}{cc|c} * & * & * \\ * & * & * \end{array}\right]$ $= \left[\begin{array}{cc|c} * & * & * \\ * & 0 & 0 \end{array}\right]$ と書かないこと．行列式では「=」を使ってもよいが，本問のような方程式の変形では使うべきではない．式は変形されているので「=」の意味が不明である．
- 第 3 行の $[0\ 0\ 0 \mid 0]$ を見て，$z = 0$ としないようにせよ．第 3 行が $[0\ 0\ 1 \mid 0]$ となっていたら $z = 0$ である．

==

■■■ 演習問題 ■■■■■■■■■■■■■■■■■■■■■■■■■■■■■

演習問題 4.1

連立一次方程式 $\begin{cases} 2x - y + 3z = 15 \\ -x + 2y - z = -8 \\ 3x - y + 2z = 17 \end{cases}$ を掃き出し法で解け．

演習問題 4.2

連立一次方程式 $\begin{cases} x + 2y + 3z = 1 \\ 2x + 3y + 4z = 2 \\ 3x + 4y + 5z = 1 \end{cases}$ を掃き出し法で解け．

Section 4.2
基本行列

列基本変形

定義 4.3 . 次の (1)〜(3) の操作を**列基本変形**という.

(1) ある列の順番を入れ換える

(2) ある列の何倍かを他の列に加える

(3) ある列に 0 でない数をかける

また，行基本変形と列基本変形を合わせて，行列の**基本変形**という.

標準形

定理 4.1 . A が任意の $m \times n$ 行列であるとき，この A に基本変形を何度か行って次の形（これを**標準形**と呼ぶ）にすることができる.

$$\left[\begin{array}{ccc|c} 1 & & & O \\ & \ddots & & \\ & & 1 & \\ \hline O & & & O \end{array}\right] \tag{4.3}$$

基本行列

定義 4.4． n 次基本行列とは，次の 3 種類の n 次正方行列のことをいう．

(1) $P(i,j;c)$: n 次単位行列の (i,j) 成分を c で置き換えたもの

(2) $Q(i,j)$: n 次単位行列の第 i 列 (行) と第 j 列 (行) を入れ換えたもの

(3) $R(i;c)$: n 次単位行列の (i,i) 成分を c で置き換えたもの

基本変形と行列の積

定理 4.2． $m\times n$ 行列 A の行基本変形は A に左から m 次基本行列をかけることで得られる．また，列基本変形は右から n 次基本行列をかけることで得られる．

(例) A の第 j 行を c 倍したものを第 i 行に加えるには，A に $P(i,j;c)$ を左からかければよい．また，A の第 i 列を c 倍したものを第 j 列に加えるには，A に $P(i,j;c)$ を右からかければよい．

基本行列

問題 4.2． $A=\begin{bmatrix}1&2&3\\4&5&6\\7&8&9\end{bmatrix}$ とする．このとき，次の問に答えよ．

(1) $QA=\begin{bmatrix}7&8&9\\4&5&6\\1&2&3\end{bmatrix}$ となる 3 次基本行列 Q を求めよ．

(2) AQ を求めよ．　(3) Q^{-1} を求めよ．

(4) $PA=\begin{bmatrix}1&2&3\\4&5&6\\5&4&3\end{bmatrix}$ となる 3 次基本行列 P を求めよ．

(5) AP を求めよ．　(6) P^{-1} を求めよ．

(解答)

(1) 第1行と第3行が入れ替わればよいので，$Q = \begin{bmatrix} 0 & 0 & 1 \\ 0 & 1 & 0 \\ 1 & 0 & 0 \end{bmatrix}$ である．

(2) 右からかけると第1列と第3列が入れ替わるので $AQ = \begin{bmatrix} 3 & 2 & 1 \\ 6 & 5 & 4 \\ 9 & 8 & 7 \end{bmatrix}$

(3) 1行と3行が入れ替わった行列が QA で，これを元に戻す，つまり，$Q^{-1}QA = A$ とするには，もう一度，1行と3行を入れ換えればよい．これは，$Q^{-1} = Q$ を意味する．よって，$Q^{-1} = \begin{bmatrix} 0 & 0 & 1 \\ 0 & 1 & 0 \\ 1 & 0 & 0 \end{bmatrix}$

(4) 左から掛けたとき，第1行の (-2) 倍を第3行に加えるような基本行列 P を求めればよいので，$P = P(3, 1; -2) = \begin{bmatrix} 1 & 0 & 0 \\ 0 & 1 & 0 \\ -2 & 0 & 1 \end{bmatrix}$ である．

(5) 第3列の -2 倍を第1列に加えることになるので，

$$AP = \begin{bmatrix} -5 & 2 & 3 \\ -8 & 5 & 6 \\ -11 & 8 & 9 \end{bmatrix}$$

(6) 第1行の (-2) 倍を第3行に加えたものが PA で，これを元に戻す，つまり，$P^{-1}PA = A$ とするには，第1行の2倍を第3行に加えればよい．これは，$P^{-1} = P(3, 1; 2) = \begin{bmatrix} 1 & 0 & 0 \\ 0 & 1 & 0 \\ 2 & 0 & 1 \end{bmatrix}$ を意味する．

■

【評価基準・注意】==============================

- $P = \begin{bmatrix} 1 & 2 & 3 \\ 4 & 5 & 6 \\ 5 & 4 & 3 \end{bmatrix} A^{-1}$ としたり，$Q = \begin{bmatrix} 7 & 8 & 9 \\ 4 & 5 & 6 \\ 1 & 2 & 3 \end{bmatrix} A^{-1}$ としていたら 0 点．これでは，具体的に求めたことにはなっていない．
- $Q(1,3)$ とか $P(3,1,;-2)$ と書いただけでは，具体的な基本行列の形が分かっているかどうか判定できないので 0 点．また，$Q(1,3)$ とか $P(3,1,;-2)$ と書いただけでは，何次の行列かも分からない．

==============================

■■■ 演習問題 ■■■■■■■■■■■■■■■■■■■■■■■

演習問題 4.3
次の問に答えよ．

(1) 右から掛けると，第 2 列の 3 倍を第 4 列に加える 4 次基本行列 P を求めよ．
(2) (1) の P を左から掛けるとどうなるか？

演習問題 4.4
次を満たす 3 次基本行列を求めよ．

(1) 左から掛けると，第 1 行の 2 倍を第 3 行に加える．
(2) 左から掛けると，第 3 行の 3 倍を第 2 行に加える．
(3) (1) の基本行列の逆行列．

Section 4.3
行列のランク

標準形

定理 4.3 ． A が任意の $m \times n$ 行列であるとき，適当な m 次正則行列 Q と n 次正則行列 P をとって，

$$QAP = \left[\begin{array}{ccc|c} 1 & & & O \\ & \ddots & & \\ & & 1 & \\ \hline O & & & O \end{array}\right] \tag{4.4}$$

という形にすることができる．

ランク

定義 4.5． 行列 A が (4.3)（あるいは同じであるが (4.4)）のような形に変形したとき，最終的に得られる行列の 1 の個数を行列 A の**ランク**または**階数**といって，その値を $\mathrm{rank}(A)$ と書く．

定義より，$m \times n$ 行列 A については

$$\mathrm{rank}(A) \leq m \quad かつ \quad \mathrm{rank}(A) \leq n \tag{4.5}$$

が成り立つ．

ランクと行列の正則性

定理 4.4． n 次正方行列 A が正則 $\Longleftrightarrow$ $\mathrm{rank}(A) = n$

行基本変形と逆行列（掃き出し法による逆行列の計算）

定理 4.5． n 次正方行列 A が正則 $\Longleftrightarrow$ A, E_n を並べた行列 $[A|E_n]$ が行基本変形によって $[E_n|B]$ となる．
特に，このとき，B は A の逆行列である．

連立一次方程式の解の存在性とランク

定理 4.6． 連立一次方程式 $A\boldsymbol{x} = \boldsymbol{b}$ が解を持つ

$$\Longleftrightarrow \mathrm{rank}(A|\boldsymbol{b}) = \mathrm{rank}(A)$$

正則性の条件

定理 4.7． 次の 4 つの条件は同値である．
(1) n 次正方行列 A は正則　(2) $\mathrm{rank}(A) = n$　(3) $\det A \neq 0$
(4) 連立一次方程式 $A\boldsymbol{x} = \boldsymbol{b}$ の解がただ 1 つ存在する

階段行列

定義 4.6． 行番号が増えるにつれて左側に連続して並ぶ 0 の個数が増えていくような行列を**階段行列**という.

$$\begin{bmatrix} 0 & \cdot & 0 & a_{1j_1} & * & \cdots & \cdots & \cdots & \cdots & * \\ 0 & \cdots & \cdots & 0 & a_{2j_2} & * & \cdots & \cdots & \cdots & * \\ \vdots & & & & & \ddots & & & & \\ 0 & \cdots & \cdots & \cdots & \cdots & 0 & a_{rj_r} & * & \cdots & * \\ 0 & \cdots & \cdots & \cdots & \cdots & \cdots & \cdots & \cdots & \cdots & 0 \\ \vdots & & & & & & & & & \vdots \\ 0 & \cdots & \cdots & \cdots & \cdots & \cdots & \cdots & \cdots & \cdots & 0 \end{bmatrix} \tag{4.6}$$

$$j_1 < j_2 < \cdots < j_r, \quad a_{1j_1}a_{2j_2}\cdots a_{rj_r} \neq 0$$

階段行列とランク

定理 4.8． 行列 A に行基本変形を施して階段行列 (4.6) になったとすると $\mathrm{rank}(A) = r$ である.

ランクと逆行列の計算

問題 4.3． 次の問に答えよ.

(1) 行列 $A = \begin{bmatrix} 1 & 0 & 0 & 3 \\ 0 & 1 & 2 & 0 \\ 1 & 0 & 1 & 0 \\ 1 & 0 & 0 & 1 \end{bmatrix}$ の逆行列を掃き出し法に基づいて求めよ.

(2) 行列 $A = \begin{bmatrix} 2 & 5 & -3 & -4 & 8 \\ 4 & 7 & -4 & -3 & 9 \\ 6 & 9 & -5 & 2 & 4 \\ 0 & -9 & 6 & 5 & -6 \end{bmatrix}$ のランクを求めよ.

(解答)

(1)

$$\left[\begin{array}{cccc|cccc}1&0&0&3&1&0&0&0\\0&1&2&0&0&1&0&0\\1&0&1&0&0&0&1&0\\1&0&0&1&0&0&0&1\end{array}\right]\xrightarrow[\text{第 1 行}\times(-1)+\text{第 3 行}]{\text{第 1 行}\times(-1)+\text{第 4 行}}\left[\begin{array}{cccc|cccc}1&0&0&3&1&0&0&0\\0&1&2&0&0&1&0&0\\0&0&1&-3&-1&0&1&0\\0&0&0&-2&-1&0&0&1\end{array}\right]$$

$$\xrightarrow{\text{第 4 行}\times(-\frac{1}{2})}\left[\begin{array}{cccc|cccc}1&0&0&3&1&0&0&0\\0&1&2&0&0&1&0&0\\0&0&1&-3&-1&0&1&0\\0&0&0&1&\frac{1}{2}&0&0&-\frac{1}{2}\end{array}\right]\xrightarrow[\text{第 4 行}\times 3+\text{第 3 行}]{\text{第 4 行}\times(-3)+\text{第 1 行}}$$

$$\left[\begin{array}{cccc|cccc}1&0&0&0&-\frac{1}{2}&0&0&\frac{3}{2}\\0&1&2&0&0&1&0&0\\0&0&1&0&\frac{1}{2}&0&1&-\frac{3}{2}\\0&0&0&1&\frac{1}{2}&0&0&-\frac{1}{2}\end{array}\right]\xrightarrow{\text{第 3 行}\times(-2)+\text{第 2 行}}\left[\begin{array}{cccc|cccc}1&0&0&0&-\frac{1}{2}&0&0&\frac{3}{2}\\0&1&0&0&-1&1&-2&3\\0&0&1&0&\frac{1}{2}&0&1&-\frac{3}{2}\\0&0&0&1&\frac{1}{2}&0&0&-\frac{1}{2}\end{array}\right]$$

よって，逆行列は $A^{-1}=\begin{bmatrix}-\frac{1}{2}&0&0&\frac{3}{2}\\-1&1&-2&3\\\frac{1}{2}&0&1&-\frac{3}{2}\\\frac{1}{2}&0&0&-\frac{1}{2}\end{bmatrix}$ である．

(2) $$\begin{bmatrix}2&5&-3&-4&8\\4&7&-4&-3&9\\6&9&-5&2&4\\0&-9&6&5&-6\end{bmatrix}\xrightarrow[\text{第 1 行}\times(-3)+\text{第 3 行}]{\text{第 1 行}\times(-2)+\text{第 2 行}}\begin{bmatrix}2&5&-3&-4&8\\0&-3&2&5&-7\\0&-6&4&14&-20\\0&-9&6&5&-6\end{bmatrix}$$

$$\xrightarrow[\text{第 2 行}\times(-3)+\text{第 4 行}]{\text{第 2 行}\times(-2)+\text{第 3 行}} \begin{bmatrix} 2 & 5 & -3 & -4 & 8 \\ 0 & -3 & 2 & 5 & -7 \\ 0 & 0 & 0 & 4 & -6 \\ 0 & 0 & 0 & -10 & 15 \end{bmatrix} \xrightarrow{\text{第 3 行}\times\frac{5}{2}+\text{第 4 行}}$$

$$\begin{bmatrix} 2 & 5 & -3 & -4 & 8 \\ 0 & -3 & 2 & 5 & -7 \\ 0 & 0 & 0 & 4 & -6 \\ 0 & 0 & 0 & 0 & 0 \end{bmatrix}$$ なので，$\mathrm{rank}(A) = 3$ である．

■

【評価基準・注意】==============================

- 階段行列を使ってランクを計算する場合と逆行列を求める場合には，行基本変形しか行ってはいけないことに注意せよ．

==

■■■ 演習問題 ■■■■■■■■■■■■■■■■■■■■■■■■■

演習問題 4.5

次の問に答えよ．

(1) n 次正方行列 A が正則ならば，A, E_n を並べた行列 $[A|E_n]$ が行基本変形によって $[E_n|B]$ となり，$B = A^{-1}$ となることを定理 4.3 を用いて示せ．

(2) $A = \begin{bmatrix} 1 & 0 & 0 \\ -1 & 1 & 0 \\ 0 & -2 & 1 \end{bmatrix}$ の逆行列を (1) に基づいて求めよ．

ランクと連立一次方程式の解の存在

問題 4.4． 連立一次方程式

$$\begin{cases} 2x + 2y + z = k \\ 5x + 3y - z = 7 \\ x - y - 3z = 3 \end{cases}$$

が解を持つように k を定めよ．

(解答)

$$\left[\begin{array}{ccc|c} 2 & 2 & 1 & k \\ 5 & 3 & -1 & 7 \\ 1 & -1 & -3 & 3 \end{array}\right] \xrightarrow[\text{入れ換える}]{\text{第 1 列と第 3 列を}}$$

$$\left[\begin{array}{ccc|c} 1 & 2 & 2 & k \\ -1 & 3 & 5 & 7 \\ -3 & -1 & 1 & 3 \end{array}\right] \xrightarrow[\text{第 1 行}\times 3+\text{第 3 行}]{\text{第 1 行}+\text{第 2 行}} \left[\begin{array}{ccc|c} 1 & 2 & 2 & k \\ 0 & 5 & 7 & k+7 \\ 0 & 5 & 7 & 3k+3 \end{array}\right]$$

$$\xrightarrow{\text{第 2 列}\times(-1)+\text{第 3 列}} \left[\begin{array}{ccc|c} 1 & 2 & 0 & k \\ 0 & 5 & 2 & k+7 \\ 0 & 5 & 2 & 3k+3 \end{array}\right] \xrightarrow{\text{第 2 行}\times(-1)+\text{第 3 行}}$$

$$\left[\begin{array}{ccc|c} 1 & 2 & 0 & k \\ 0 & 5 & 2 & k+7 \\ 0 & 0 & 0 & 2k-4 \end{array}\right] (*)$$

$$\xrightarrow[\text{入れ換える}]{\text{第 2 列と第 3 列を}} \left[\begin{array}{ccc|c} 1 & 0 & 2 & k \\ 0 & 2 & 5 & k+7 \\ 0 & 0 & 0 & 2k-4 \end{array}\right] \xrightarrow{\text{第 2 列を 2 で割る}}$$

$$\left[\begin{array}{ccc|c} 1 & 0 & 2 & k \\ 0 & 1 & 5 & k+7 \\ 0 & 0 & 0 & 2k-4 \end{array}\right] \xrightarrow[\text{第 2 列}\times(-5)+\text{第 3 列}]{\text{第 1 列}\times(-1)+\text{第 3 列}} \left[\begin{array}{ccc|c} 1 & 0 & 0 & k \\ 0 & 1 & 0 & k+7 \\ 0 & 0 & 0 & 2k-4 \end{array}\right]$$

である．$A = \begin{bmatrix} 2 & 2 & 1 \\ 5 & 3 & -1 \\ 1 & -1 & 3 \end{bmatrix}, \boldsymbol{b} = \begin{bmatrix} k \\ 7 \\ 3 \end{bmatrix}$ に対して $\mathrm{rank}(A) = \mathrm{rank}(A|\boldsymbol{b})$ となればよいので，$2k-4=0$ と選べばよい．よって，$k=2$. ■

【評価基準・注意】＝＝＝＝＝＝＝＝＝＝＝＝＝＝＝＝＝＝＝＝＝＝＝＝＝＝＝

- $(*)$ の時点で，$\mathrm{rank}(A)=2$ と分かるので，$2k-4=0$ と結論付けてもよい．
- 変形を明記していないものは，その程度に応じて減点する．また，式の変形だけで説明がないものも，その程度に応じて減点する．**答案は人に見せるものであることを意識すること．**

- 答えしか書いていないものは 0 点.
- 「$\mathrm{rank}(A) = \mathrm{rank}(A|\boldsymbol{b})$ となればよいので, $2k-4=0$ と選べばよい」と明記していないものは, その程度に応じて減点する. たとえば,「$2k-4=0$ なので $k=2$」としたり「$2k-4=0$ となるので $k=2$」としているものが対象. 特に何の理由もなく「$2k-4=0$」となる訳ではない.
- 階段行列にもなっていない状態, 例えば $\left[\begin{array}{ccc|c} * & * & * & * \\ * & * & * & * \\ 0 & 0 & 0 & 0 \end{array}\right]$ の形で $\mathrm{rank}(A) = 2$ としているものは 0 点. この形だと $\mathrm{rank}(A) = 1$ の可能性がある.
- ランクを求めるときには, 式変形のとき = でなく → を使うこと. また, 行列を $\begin{vmatrix} * & * \\ * & * \end{vmatrix}$ と書かないこと. $\begin{vmatrix} * & * \\ * & * \end{vmatrix}$ と $\begin{bmatrix} * & * \\ * & * \end{bmatrix}$ とでは意味が違う. $\begin{vmatrix} * & * \\ * & * \end{vmatrix}$ は行列式, $\begin{bmatrix} * & * \\ * & * \end{bmatrix}$ は行列である.

==================================

■■■ 演習問題 ■■■■■■■■■■■■■■■■■■■■■■■

演習問題 4.6

$\begin{cases} 2x+3y+4z=1 \\ 3x+4y+7z=1 \\ x+3y-z=k \end{cases}$ が解を持つように k を定めよ.

演習問題 4.7

連立一次方程式

$$\begin{cases} x_1+2x_2+3x_3-2x_4=2 \\ -x_1-x_2-3x_3+x_4=-4 \\ 2x_1+4x_2+6x_3-3x_4=10 \end{cases}$$

を掃き出し法で解け.

演習問題 4.8

次の問に答えよ.

(1) 行列 $A = \begin{bmatrix} 1 & 3 & 6 \\ 2 & 5 & 3 \\ 1 & 1 & 4 \end{bmatrix}$ の行列式を計算することにより, A が正則かどうかを判定せよ.

(2) 行列 $A = \begin{bmatrix} 1 & 1 & 1 & 1 \\ 4 & 3 & 2 & 1 \\ 1 & 1 & 1 & 2 \\ 2 & 4 & 6 & 8 \end{bmatrix}$ のランクを計算することにより, A が正則かどうかを判定せよ.

第5章

線形代数の応用

Section 5.1
市場シェア

マーケットシェア

問題 5.1 . 携帯電話の市場にはA社，B社，C社の3社があり，各会社の1期後の契約継続状況は次の通りである．

(1) A社の契約者は70%が契約を継続し，20%がB社に，10%がC社に変更する．

(2) B社の契約者は80%が契約を継続し，10%がA社に，10%がC社に変更する．

(3) C社の契約者は80%が契約を継続し，10%がA社に，10%がB社に変更する．

このような推移が毎期ほぼ一定であるとすると最終的に市場シェアはどのようになるか？

(解答)

初期シェアを，A 社は a_0，B 社は b_0，C 社は c_0 とすると

$$a_0 + b_0 + c_0 = 1$$

である．

シェアの初期ベクトルを $\boldsymbol{x}_0 = \begin{bmatrix} a_0 \\ b_0 \\ c_0 \end{bmatrix}$ とし，n 期後のシェアベクトルを

$\boldsymbol{x}_n = \begin{bmatrix} a_n \\ b_n \\ c_n \end{bmatrix}$ とすると，$n = 1$ のとき，

$$\begin{aligned}
a_1 &= \underset{\text{A 社の 70\%}}{\frac{7}{10}a_0} + \underset{\text{B 社の 10\%}}{\frac{1}{10}b_0} + \underset{\text{C 社の 10\%}}{\frac{1}{10}c_0} \\
b_1 &= \underset{\text{A 社の 20\%}}{\frac{2}{10}a_0} + \underset{\text{B 社の 80\%}}{\frac{8}{10}b_0} + \underset{\text{C 社の 10\%}}{\frac{1}{10}c_0} \\
c_1 &= \underset{\text{A 社の 10\%}}{\frac{1}{10}a_0} + \underset{\text{B 社の 10\%}}{\frac{1}{10}b_0} + \underset{\text{C 社の 80\%}}{\frac{8}{10}c_0}
\end{aligned}$$

なので，$\boldsymbol{x}_1 = P\boldsymbol{x}_0$ である．ただし，$P = \begin{bmatrix} \frac{7}{10} & \frac{1}{10} & \frac{1}{10} \\ \frac{2}{10} & \frac{8}{10} & \frac{1}{10} \\ \frac{1}{10} & \frac{1}{10} & \frac{8}{10} \end{bmatrix}$ である．

ここで，

$$\begin{aligned}
\boldsymbol{x}_2 &= P\boldsymbol{x}_1 = P(P\boldsymbol{x}_0) = P^2\boldsymbol{x}_0, \\
\boldsymbol{x}_3 &= P\boldsymbol{x}_2 = P(P^2\boldsymbol{x}_0) = P^3\boldsymbol{x}_0, \\
&\vdots \\
\boldsymbol{x}_n &= P\boldsymbol{x}_{n-1} = \cdots = P^n\boldsymbol{x}_0
\end{aligned}$$

であり，$Q = \begin{bmatrix} -4 & 0 & 3 \\ 4 & -4 & 5 \\ 0 & 4 & 4 \end{bmatrix}$ とすると，$Q^{-1} = \begin{bmatrix} -\frac{3}{16} & \frac{1}{16} & \frac{1}{16} \\ -\frac{1}{12} & -\frac{1}{12} & \frac{1}{6} \\ \frac{1}{12} & \frac{1}{12} & \frac{1}{12} \end{bmatrix}$，

$Q^{-1}PQ = \begin{bmatrix} \frac{3}{5} & 0 & 0 \\ 0 & \frac{7}{10} & 0 \\ 0 & 0 & 1 \end{bmatrix} =: D$ である．（この Q の見付け方については第 11.2 節を参照）

よって，

$$\begin{aligned} D^n &= (Q^{-1}PQ)^n = (Q^{-1}PQ)(Q^{-1}PQ)\cdots(Q^{-1}PQ)(Q^{-1}PQ) \\ &= Q^{-1}P^nQ \end{aligned}$$

なので，

$$\begin{aligned} &P^n = QD^nQ^{-1} \\ &= \begin{bmatrix} \frac{1}{4}+\frac{3}{4}\left(\frac{3}{5}\right)^n & \frac{1}{4}-\frac{1}{4}\left(\frac{3}{5}\right)^n & \frac{1}{4}-\frac{1}{4}\left(\frac{3}{5}\right)^n \\ \frac{5}{12}+\frac{1}{3}\left(\frac{7}{10}\right)^n-\frac{3}{4}\left(\frac{3}{5}\right)^n & \frac{5}{12}+\frac{1}{4}\left(\frac{3}{5}\right)^n+\frac{1}{3}\left(\frac{7}{10}\right)^n & \frac{5}{12}+\frac{1}{4}\left(\frac{3}{5}\right)^n-\frac{2}{3}\left(\frac{7}{10}\right)^n \\ \frac{1}{3}-\frac{1}{3}\left(\frac{7}{10}\right)^n & \frac{1}{3}-\frac{1}{3}\left(\frac{7}{10}\right)^n & \frac{1}{3}+\frac{2}{3}\left(\frac{7}{10}\right)^n \end{bmatrix} \end{aligned}$$

より，

$$\lim_{n\to\infty} P^n = \begin{bmatrix} \frac{1}{4} & \frac{1}{4} & \frac{1}{4} \\ \frac{5}{12} & \frac{5}{12} & \frac{5}{12} \\ \frac{1}{3} & \frac{1}{3} & \frac{1}{3} \end{bmatrix} =: P^\infty$$

である．

ゆえに，最終的な市場シェアは，$a_0 + b_0 + c_0 = 1$ に注意すると

$$\boldsymbol{x}_\infty = P^\infty \boldsymbol{x}_0 = \begin{bmatrix} \frac{1}{4}a_0 + \frac{1}{4}b_0 + \frac{1}{4}c_0 \\ \frac{5}{12}a_0 + \frac{5}{12}b_0 + \frac{5}{12}c_0 \\ \frac{1}{3}a_0 + \frac{1}{3}b_0 + \frac{1}{3}c_0 \end{bmatrix} = \begin{bmatrix} \frac{1}{4} \\ \frac{5}{12} \\ \frac{1}{3} \end{bmatrix}$$

より，各社の初期シェアにかかわらず A 社，B 社，C 社のシェアはそれぞれ $\frac{1}{4}$，$\frac{5}{12}$，$\frac{1}{3}$ となる．　■

演習問題

演習問題 5.1

人々は，野球とサッカーではどちらの方が好きかということを調べたい．
「野球よりサッカーが好き」と答えた人が，翌年も「サッカーが好き」と答える確率は 70%で,「野球が好き」と答える確率は 30%とする．また,「サッカーより野球が好き」と答えた人が翌年も「野球が好き」と答える確率は 60%で,「サッカーが好き」と答える確率は 40%とする．
このような状況がずっと続くと，最終的に「野球よりサッカーが好き」と答える人と「サッカーより野球が好き」と答える人の割合はどのようになるか？ ただし，次の事実を使ってもよい．

- $Q = \begin{bmatrix} -\frac{1}{2} & 1 \\ 1 & 1 \end{bmatrix}$ とすると $Q^{-1} = \begin{bmatrix} -\frac{2}{3} & \frac{2}{3} \\ \frac{2}{3} & \frac{1}{3} \end{bmatrix}$ であり，$P = \begin{bmatrix} \frac{7}{10} & \frac{3}{10} \\ \frac{6}{10} & \frac{4}{10} \end{bmatrix}$ は $Q^{-1}PQ = \begin{bmatrix} \frac{1}{10} & 0 \\ 0 & 1 \end{bmatrix}$ と変形できる．
- $Q = \begin{bmatrix} -1 & \frac{4}{3} \\ 1 & 1 \end{bmatrix}$ とすると $Q^{-1} = \begin{bmatrix} -\frac{3}{7} & \frac{4}{7} \\ \frac{3}{7} & \frac{3}{7} \end{bmatrix}$ であり，$P = \begin{bmatrix} \frac{7}{10} & \frac{4}{10} \\ \frac{3}{10} & \frac{6}{10} \end{bmatrix}$ は $Q^{-1}PQ = \begin{bmatrix} \frac{3}{10} & 0 \\ 0 & 1 \end{bmatrix}$ と変形できる．

演習問題 5.2

「再試験がある」と聞いた人が，別の人に「再試験がある」と伝える確率は 0.8 で,「再試験はない」と伝える確率は 0.2 であるとする．また,「再試験はない」と聞いた人が，別の人に「再試験がある」と伝える確率が 0.3 で,「再試験はない」と伝える確率が 0.7 であるとする．
このような伝播がずっと続くとすると，最終的に「再試験がある」と聞いた人と「再試験はない」と聞いた人の割合はどのようになるか？ただし，次の事実を使ってもよい．

- $Q = \begin{bmatrix} -\frac{8}{7} & 1 \\ 1 & 1 \end{bmatrix}$ とすると $Q^{-1} = \begin{bmatrix} -\frac{7}{15} & \frac{7}{15} \\ \frac{7}{15} & \frac{8}{15} \end{bmatrix}$ であり，$P = \begin{bmatrix} \frac{2}{10} & \frac{8}{10} \\ \frac{7}{10} & \frac{3}{10} \end{bmatrix}$ は $Q^{-1}PQ = \begin{bmatrix} -\frac{1}{2} & 0 \\ 0 & 1 \end{bmatrix}$ と変形できる．
- $Q = \begin{bmatrix} -\frac{2}{3} & 1 \\ 1 & 1 \end{bmatrix}$ とすると $Q^{-1} = \begin{bmatrix} -\frac{3}{5} & \frac{3}{5} \\ \frac{3}{5} & \frac{2}{5} \end{bmatrix}$ であり，$P = \begin{bmatrix} \frac{8}{10} & \frac{2}{10} \\ \frac{3}{10} & \frac{7}{10} \end{bmatrix}$ は $Q^{-1}PQ = \begin{bmatrix} \frac{1}{2} & 0 \\ 0 & 1 \end{bmatrix}$ と変形できる．
- $Q = \begin{bmatrix} -\frac{7}{8} & 1 \\ 1 & 1 \end{bmatrix}$ とすると $Q^{-1} = \begin{bmatrix} -\frac{8}{15} & \frac{8}{15} \\ \frac{8}{15} & \frac{7}{15} \end{bmatrix}$ であり，$P = \begin{bmatrix} \frac{3}{10} & \frac{7}{10} \\ \frac{8}{10} & \frac{2}{10} \end{bmatrix}$ は $Q^{-1}PQ = \begin{bmatrix} -\frac{1}{2} & 0 \\ 0 & 1 \end{bmatrix}$ と変形できる．
- $Q = \begin{bmatrix} -1 & \frac{3}{2} \\ 1 & 1 \end{bmatrix}$ とすると $Q^{-1} = \begin{bmatrix} -\frac{2}{5} & \frac{3}{5} \\ \frac{2}{5} & \frac{2}{5} \end{bmatrix}$ であり，$P = \begin{bmatrix} \frac{8}{10} & \frac{3}{10} \\ \frac{2}{10} & \frac{7}{10} \end{bmatrix}$ は $Q^{-1}PQ = \begin{bmatrix} \frac{1}{2} & 0 \\ 0 & 1 \end{bmatrix}$ と変形できる．

Section 5.2
意思決定

階層分析による意思決定

問題 5.2． X さんが新車を購入しようとして調べた結果，候補車として A 車，B 車，C 車を選んだ．X さんは，新車を購入する際の評価項目として，

I_1：価格　I_2：燃費　I_3：インテリア　I_4：エクステリア

を考え，これらの評価項目のうちどれを重視するかを評価行列 G によって表すことにする．なお，G の各成分は，以下の表に基づいて，行と列の 2 項目の比較値を 9 段階に評価することによって与えられるものとする．

比較値	意味
1	行の項目が列の項目と同じくらい重要
3	行の項目が列の項目よりやや重要
5	行の項目が列の項目よりも重要
7	行の項目が列の項目よりかなり重要
9	行の項目が列の項目より絶対的に重要

ただし，比較値 2, 4, 6, 8 は上記の数値の中間的な意味を持つときに使うものとする．
X さんの評価と，各車の評価項目が次のように与えられているとき，X さんは A〜C 車のうち，どの車を選択するべきか？ AHP 法に基づいて答えよ．

	I_1	I_2	I_3	I_4	幾何平均	ウェイト
I_1	1	2	3	5	2.340	0.472
I_2	1/2	1	2	4	1.414	0.285
I_3	1/3	1/2	1	3	0.841	0.170
I_4	1/5	1/4	1/3	1	0.359	0.073
				合計	4.954	1.000

X さんの評価

	A	B	C	幾何平均	ウェイト
A	1	2	3	1.817	0.540
B	1/2	1	2	1.000	0.297
C	1/3	1/2	1	0.550	0.163
			合計	3.367	1.000

価格（I_1）の比較

	A	B	C	幾何平均	ウェイト
A	1	1/5	1/2	0.464	0.117
B	5	1	4	2.714	0.683
C	2	1/4	1	0.794	0.200
			合計	3.972	1.000

燃費（I_2）の比較

	A	B	C	幾何平均	ウェイト
A	1	3	2	1.817	0.540
B	1/3	1	1/2	0.550	0.163
C	1/2	2	1	1.000	0.297
			合計	3.367	1.000

インテリア（I_3）の比較

	A	B	C	幾何平均	ウェイト
A	1	1/2	1/2	0.630	0.200
B	2	1	1	1.260	0.400
C	2	1	1	1.260	0.400
			合計	3.150	1.000

エクステリア（I_4）の比較

ここで，$x_1, x_2, \ldots, x_n$ の幾何平均 m は $m = \sqrt[n]{x_1 \times x_2 \times \cdots \times x_n}$ で与えられ，ウェイトはこの幾何平均を幾何平均の総和で割ることによって計算される．

（解答）

$I_1 \sim I_4$ のウェイトを

$$\boldsymbol{a}_1 = \begin{bmatrix} 0.540 \\ 0.297 \\ 0.163 \end{bmatrix}, \quad \boldsymbol{a}_2 = \begin{bmatrix} 0.117 \\ 0.683 \\ 0.200 \end{bmatrix}, \quad \boldsymbol{a}_3 = \begin{bmatrix} 0.540 \\ 0.163 \\ 0.297 \end{bmatrix}, \quad \boldsymbol{a}_4 = \begin{bmatrix} 0.200 \\ 0.400 \\ 0.400 \end{bmatrix}$$

とすると，A, B, C 各車のウェイトに基づく評価行列 V は

$$V = [\boldsymbol{a}_1, \boldsymbol{a}_2, \boldsymbol{a}_3, \boldsymbol{a}_4] = \begin{bmatrix} 0.540 & 0.117 & 0.540 & 0.200 \\ 0.297 & 0.683 & 0.163 & 0.400 \\ 0.163 & 0.200 & 0.297 & 0.400 \end{bmatrix}$$

で与えられる．X さんのウェイトは，$\boldsymbol{x} = \begin{bmatrix} 0.472 \\ 0.285 \\ 0.170 \\ 0.073 \end{bmatrix}$ なので，X さんにより

各車の評価は次のようになる．

$$V\boldsymbol{x} = \begin{bmatrix} 0.540 \times 0.472 + 0.117 \times 0.285 + 0.540 \times 0.170 + 0.200 \times 0.073 \\ 0.297 \times 0.472 + 0.683 \times 0.285 + 0.163 \times 0.170 + 0.400 \times 0.073 \\ 0.163 \times 0.472 + 0.200 \times 0.285 + 0.297 \times 0.170 + 0.400 \times 0.073 \end{bmatrix}$$

$$= \begin{bmatrix} 0.3946 \\ 0.3917 \\ 0.2136 \end{bmatrix}$$

よって，X さんの A〜C 車の評価ウェイトはそれぞれ 0.3946, 0.3917, 0.2136 なので，X さんは A 車を選択するべきである．しかし，B 車との差は微々たるものなので B 車を選んでも不思議ではない．

なお，このようにして意思決定を行う方法を **AHP 法**（Analytic Hierarchy Process：**階層分析法**）という． ■

■■■ 演習問題 ■■■■■■■■■■■■■■■■■■■■■■■

演習問題 5.3
X さんがマンションを購入しようとして調べた結果，候補として A マンション，B マンション，C マンションを選んだ．X さんは，マンションを購入する際の評価項目として

I_1：居住面積　　I_2：交通の便　　I_3：買物の便　　I_4：教育環境

を考え，それぞれのウェイトは次のようになった．

	I_1	I_2	I_3	I_4
A	0.7	0.1	0.2	0.3
B	0.2	0.3	0.4	0.2
C	0.1	0.6	0.4	0.5

X さんのウェイトが

I_1	I_2	I_3	I_4
0.4	0.2	0.1	0.3

となっているとき，X さんはどのマンションを選ぶべきか？ AHP 法に基づいて求めよ．

Section 5.3
ゲーム理論

Max-Min と Min-Max

定義 5.1． $m \times n$ 行列

$$C = \begin{bmatrix} c_{11} & \cdots & c_{1j} & \cdots & c_{1n} \\ \vdots & \vdots & \vdots & \vdots & \vdots \\ c_{i1} & \cdots & c_{ij} & \cdots & c_{in} \\ \vdots & \vdots & \vdots & \vdots & \vdots \\ c_{m1} & \cdots & c_{mj} & \cdots & c_{mn} \end{bmatrix}$$

に対して，$\underline{M} = \max_{1 \le i \le m} \min_{1 \le j \le n} c_{ij}$ を **Max-Min（マックスミン）** といい，$\overline{M} = \min_{1 \le j \le n} \max_{1 \le i \le m} c_{ij}$ を **Min-Max（ミニマックス）** という．

$\underline{M} = \max_{1\leq i\leq m} \min_{1\leq j\leq n} c_{ij} \leq \max_{1\leq i\leq m} c_{ij}$ より，
$\underline{M} = \min_{1\leq j\leq n} \underline{M} \leq \min_{1\leq j\leq n} \max_{1\leq i\leq m} c_{ij} = \overline{M}$ が成り立つので，Max-Min はつねに Min-Max 以下である．

決定的なゲーム

$\underline{M}$ は，最も悪い状況（$\min_{1\leq j\leq n} c_{ij}$）の中から最もよいもの（$\max_{1\leq i\leq m} \min_{1\leq j\leq n} c_{ij}$）を選んだことになっている．一方，$\overline{M}$ は，最もよい状況（$\max_{1\leq i\leq m} c_{ij}$）の中から最も悪いもの（$\min_{1\leq j\leq n} \max_{1\leq i\leq m} c_{ij}$）を選んだことになっている．したがって，$\underline{M} = \overline{M}$ となる点は，ある種の妥協点であるといえる．このように，$\underline{M} = \overline{M}$ となる点が存在するようなゲームを**決定的なゲーム**であるという．

決定的なゲーム

問題 5.3． X 国と Y 国が，ある問題について協議しており，X 国には α, β の戦略があり，Y 国には A, B, C, D の戦略があるとする．そして，各戦略の間には次の利得関係があるとする．

(1) X 国が戦略 α を提案した場合，Y 国の各戦略 A〜D に対して，X 国にはそれぞれ 3, -2, 0, -1 の利得がある．
(2) X 国が戦略 β を提案した場合，Y 国の各戦略 A〜D に対して，X 国にはそれぞれ 1, 2, 1, 2 の利得がある．

このとき，この両国にとって最も有効な戦略はどのようなものか？

（解答）

X 国の利得表は

	A	B	C	D
α	3	−2	0	−1
β	1	2	1	2

となるので，X 国の利得行列 C は $C = \begin{bmatrix} 3 & -2 & 0 & -1 \\ 1 & 2 & 1 & 2 \end{bmatrix}$ となる．

ここで，

$$\underline{M} = \max_{1 \leq i \leq 2} \min_{1 \leq j \leq 4} c_{ij} = \max\{-2(= c_{12}), 1(= c_{21} = c_{23})\}$$
$$= 1(= c_{21} = c_{23})$$
$$\overline{M} = \min_{1 \leq j \leq 4} \max_{1 \leq i \leq 2} c_{ij} = \min\{3(= c_{11}), 2(= c_{22}), 1(= c_{23}), 2(= c_{24})\}$$
$$= 1(= c_{23})$$

であり，$\underline{M} = \overline{M}$ であり，これに対応する利得行列 C の要素は，c_{23} なので，X 国は戦略 β を，Y 国は戦略 C を選択するのが最も有効である．■

演習問題

演習問題 5.4

X 国と Y 国が，ある問題について協議しており，X 国には α, β の戦略があり，Y 国には A, B, C, D の戦略があるとする．そして，各戦略の間には次の利得関係があるとする．

(1) X 国が戦略 α を提案した場合，Y 国の各戦略 A〜D に対して，X 国にはそれぞれ 1, 2, 3, 2 の利得がある．
(2) X 国が戦略 β を提案した場合，Y 国の各戦略 A〜D に対して，X 国にはそれぞれ 1, 3, −1, 0 の利得がある．

このとき，この両国にとって最も有効な戦略はどのようなものか？

決定的でないゲーム

問題 5.4． プレイヤーXとYがあるゲームをしており，共に2つの戦略，Xは戦略 x_1 と x_2，Yは戦略 y_1 と y_2 のみをとるものとする．また，Xの利得表は次のようになっているとする．

	y_1	y_2
x_1	a	b
x_2	c	d

Xが戦略 x_1 を行う確率を p とするとき，Yの戦略に無関係なXの利得の期待値を求めよ．ただし，$a+d=b+c$ とする．

(解答)

x_1 を行う確率が p なので，x_2 を行う確率は $1-p$ である．よって，行ベクトル $[p, 1-p]$ は，Xの戦略とみなすことができる．

このとき，

$$[p, 1-p]\begin{bmatrix} a & b \\ c & d \end{bmatrix} = [ap+c-cp, bp+d-dp]$$

である．ここで，$ap+c-cp$ はYが戦略 y_1 をとったときのXの利得の期待値を表し，$bp+d-dp$ はYが戦略 y_2 をとったときのXの利得の期待値を表すことに注意すると，

$$ap+c-cp = bp+d-dp$$

となるようにしておけば，Yの戦略と無関係なXの利得の期待値が得られることになる．これより，$p = \dfrac{d-c}{a-b-c+d}$ なので，Xの戦略は $\left[\dfrac{d-c}{a-b-c+d}, \dfrac{a-b}{a-b-c+d}\right]$ である．

ここで，Yの戦略を $[q,1-q]$ とするとXの利得の期待値 E は

$$
\begin{aligned}
E &= [p,1-p]\begin{bmatrix} a & b \\ c & d \end{bmatrix}\begin{bmatrix} q \\ 1-q \end{bmatrix} = [ap+c-cp, bp+d-dp]\begin{bmatrix} q \\ 1-q \end{bmatrix} \\
&= (ap+c-cp)q+(bp+d-dp)(1-q)
\end{aligned}
$$

だが，E が q に依存しないような p を選んでいるので，例えば $q=1$ とすると，

$$
E = ap+c-cp = ap+(1-p)c = \frac{a(d-c)+(a-b)c}{a-b-c+d} = \frac{ad-bc}{a-b-c+d}
$$

となる． ■

演習問題

演習問題 5.5

ある国では，インフルエンザが流行するのを防ぐために予防接種をしたいと考えている．ただし，インフルエンザのウィルスには1型と2型の2種類があって，ワクチン V_1 は1型に対して85%の有効性をもち，2型に対しては70%の有効性を持っている．また，もう1つのワクチン V_2 は1型に対して60%，2型に対しては90%の有効性を持っているという．
いま，ウィルス1型，2型の比率がどれくらいの割合で国内に流行しているかは全く分からないものとして，この国の政府が決定すべきワクチンの投与比率を求めよ．ただし，V_1 と V_2 の両ワクチンを同時に投与できないとする．

演習問題 5.6

ある国では，インフルエンザが流行するのを防ぐために予防接種をしたいと考えている．ただし，インフルエンザのウィルスには1型，2型，3型，4型の4種類があって，ワクチン V_1, V_2, V_3 の有効性は次の通りである．

ワクチン V_1： 1型に対しては90%，2型に対しては70%，3型に対しては80%，4型に対しては60%

ワクチン V_2： 1型に対しては70%，2型に対しては70%，3型に対しては70%，4型に対しては80%

ワクチン V_3： 1型に対しては80%，2型に対しては60%，3型に対しては90%，4型に対しては70%

いま，ウィルス1型，2型，3型，4型の比率がどれくらいの割合で国内に流行しているかは全く分からないものとして，この国の政府が決定すべきワクチンの投与比率を求めよ．ただし，V_1, V_2, V_3 のワクチンは，2種類以上同時に投与できないものとする．

Section 5.4
算術暗号

算術暗号

問題 5.5 . アルファベット 26 文字と記号を次のように対応させることにする.

A	B	C	D	E	F	G	H	I	J	K	L	M	N	O
↕	↕	↕	↕	↕	↕	↕	↕	↕	↕	↕	↕	↕	↕	↕
0	1	2	3	4	5	6	7	8	9	10	11	12	13	14

P	Q	R	S	T	U	V	W	X	Y	Z	␣	?	!	.
↕	↕	↕	↕	↕	↕	↕	↕	↕	↕	↕	↕	↕	↕	↕
15	16	17	18	19	20	21	22	23	24	25	26	27	28	29

また, 暗号化と復号化に用いる鍵行列として $A = \begin{bmatrix} 3 & 0 & 1 \\ 1 & 1 & 0 \\ 5 & 1 & 1 \end{bmatrix}$ を使用する. そして, 文字は 3 文字ずつ区切って A を掛けたものを送信することにする. 例えば, 文字列 “ABC” を送信する場合は, 対応表より $\boldsymbol{x}_0 = \begin{bmatrix} 0 \\ 1 \\ 2 \end{bmatrix}$ を作り, $A\boldsymbol{x}_0 = \begin{bmatrix} 2 \\ 1 \\ 3 \end{bmatrix}$ を送信することになる.

このとき, 次の数字列を復号化せよ.

$$60, 18, 96, 20, 26, 46, 60, 21, 94, 30, 21, 55, 48, 27, 83$$

（解答）

$A^{-1} = \begin{bmatrix} -1 & -1 & 1 \\ 1 & 2 & -1 \\ 4 & 3 & -3 \end{bmatrix}$ であり，$\boldsymbol{x}_1 = \begin{bmatrix} 60 \\ 18 \\ 96 \end{bmatrix}$, $\boldsymbol{x}_2 = \begin{bmatrix} 20 \\ 26 \\ 46 \end{bmatrix}$, $\boldsymbol{x}_3 = \begin{bmatrix} 60 \\ 21 \\ 94 \end{bmatrix}$,

$\boldsymbol{x}_4 = \begin{bmatrix} 30 \\ 21 \\ 55 \end{bmatrix}$, $\boldsymbol{x}_5 = \begin{bmatrix} 48 \\ 27 \\ 83 \end{bmatrix}$ とおくと，

$$\boldsymbol{y}_1 = A^{-1}\boldsymbol{x}_1 = \begin{bmatrix} 18 \\ 0 \\ 6 \end{bmatrix}, \boldsymbol{y}_2 = A^{-1}\boldsymbol{x}_2 = \begin{bmatrix} 0 \\ 26 \\ 20 \end{bmatrix}, \boldsymbol{y}_3 = A^{-1}\boldsymbol{x}_3 = \begin{bmatrix} 13 \\ 8 \\ 21 \end{bmatrix},$$

$$\boldsymbol{y}_4 = A^{-1}\boldsymbol{x}_4 = \begin{bmatrix} 4 \\ 17 \\ 18 \end{bmatrix}, \boldsymbol{y}_5 = A^{-1}\boldsymbol{x}_5 = \begin{bmatrix} 8 \\ 19 \\ 24 \end{bmatrix}$$

なので，対応表より，与えられた数字の列は"SAGA UNIVERSITY"を示していることが分かる．■

演習問題

演習問題 5.7

アルファベット 26 文字と記号を問題 5.5 のように対応させることにする．また，暗号化と復号化に用いる鍵行列として $A = \begin{bmatrix} 1 & 5 \\ 2 & 9 \end{bmatrix}$ を使用する．そして，文字は 2 文字ずつ区切って A を掛けたものを送信することにする．例えば，文字列 “AB” を送信する場合は，対応表より $\boldsymbol{x}_0 = \begin{bmatrix} 0 \\ 1 \end{bmatrix}$ を作り，$A\boldsymbol{x}_0 = \begin{bmatrix} 5 \\ 9 \end{bmatrix}$ を送信することになる．このとき，次の数字列を復号化せよ．

$$42, 80, 11, 20$$

第6章

第I部まとめ問題

問題 6.1

$\boldsymbol{a} = \begin{bmatrix} 1 \\ 2 \\ 3 \end{bmatrix}$, $\boldsymbol{b} = \begin{bmatrix} 4 \\ 5 \\ 6 \end{bmatrix}$ とする．このとき，次の事柄は正しいか？正しいものには◯を，間違っているものには×を記入せよ．

(1) $\boldsymbol{a}$ と $\boldsymbol{b}$ の和は $\begin{bmatrix} 5 \\ 7 \\ 9 \end{bmatrix}$ である．　(2) $\boldsymbol{a}$ と $\boldsymbol{b}$ の積は $\begin{bmatrix} 4 \\ 10 \\ 18 \end{bmatrix}$ である．

問題 6.2

次の事柄は正しいか？正しいものには◯を，間違っているものには×を記入せよ．

(1) $m \times n$ 行列 $A = [a_{ij}]$, $n \times r$ 行列 $B = [b_{ij}]$ の積 AB の (i, j) 成分は $c_{ij} = \sum_{k=1}^{n} a_{ik} b_{jk}$ である．

(2) 行列 $\begin{bmatrix} 1 & 2 & 3 \\ 4 & 5 & 6 \\ 7 & 8 & 9 \end{bmatrix}$ の対角成分は 1,5,9 である．

(3) 2 つの n 次正方行列 AB に対して $AB = BA$ が成り立つ．

(4) A が $m \times n$ 行列，B と C が $n \times r$ 行列ならば，$(A + B)C = AC + BC$ が成り立つ．

問題 6.3

n 次正方行列（$n \geq 2$）$A = [a_{ij}], B = [b_{ij}]$ に対して，次の事柄は正しいか？正しいものには◯を，間違っているものには×を記入せよ．

(1) $\det(AB) = \det A \det B$

(2) $\det(A + B) = \det A + \det B$

(3) $\det(cA) = c \det A$　　（c はスカラー）

(4) $\det(A) = \det({}^t A)$

(5) A が上三角行列のとき，$\det A = a_{11} a_{22} \cdots a_{nn}$

(6) A が下三角行列のとき，$\det A = a_{11} a_{22} \cdots a_{nn}$

問題 6.4

A を n 次正方行列，$\boldsymbol{x}$ と $\boldsymbol{b}$ を n 次元ベクトルとする．このとき，次の事柄は正しいか？ 正しければ○を間違っていれば×を解答欄に記入し，間違っている場合は**ランクに関する式を訂正せよ**．

(1) A が正則ならば $\mathrm{rank}A = n$ である．
(2) A が正則でなければ $\mathrm{rank}A < n$ である．
(3) 連立一次方程式 $A\boldsymbol{x} = \boldsymbol{b}$ が解を持つならば，$\mathrm{rank}(A|\boldsymbol{b}) = \mathrm{rank}A$ である．
(4) $\mathrm{rank}(A|\boldsymbol{b}) = \mathrm{rank}A$ が成り立てば，連立一次方程式 $A\boldsymbol{x} = \boldsymbol{b}$ の解はただ1つ存在する．

問題 6.5

次の記述には必ず間違いがある．間違いを指摘し，その理由を述べるか，もしくは訂正をせよ．ただし，m, n, r は互いに異なる2以上の自然数とする．

(1) A を $m \times n$ 行列，B と C を $n \times r$ 行列とする．このとき，行列の積について次式が成り立つ．

$$(AB)C = A(BC)$$

(2) A と B を任意の n 次正方行列とすると，つねに $AB \neq BA$ が成り立つ．
(3) $E_{ij}(1 \leq i \leq 2, 1 \leq j \leq 2)$ を2次行列単位とする．このとき，2次単位行列 E_2 は次のように書ける．

$$E_2 = E_{11} + E_{12} + E_{21} + E_{22}$$

(4) $\delta_{ij}(1 \leq i \leq 2, 1 \leq j \leq 3)$ をクロネッカーデルタとし，$A = \begin{bmatrix} \delta_{11} & \delta_{12} & \delta_{13} \\ \delta_{21} & \delta_{22} & \delta_{23} \end{bmatrix}$ とすると，$A = \begin{bmatrix} 1 & 1 & 1 \\ 1 & 1 & 1 \end{bmatrix}$ である．
(5) 行列 $A = \begin{bmatrix} 0 & 0 & 1 \\ 0 & 2 & 0 \\ 3 & 0 & 0 \end{bmatrix}$ は対角行列であり，$A = diag(3, 2, 1)$ と表すことができる．
(6) $A = [a_{ij}]$ を $m \times n$ 行列，$B = [b_{ij}]$ を $n \times r$ 行列とする．このとき，$\boldsymbol{a}_i(1 \leq i \leq n)$ を A の列ベクトルとするとき，行列の積 AB は，行列とベクトルの積を用いて次のように定義される．

$$AB = [\boldsymbol{a}_1, \boldsymbol{a}_2, \ldots, \boldsymbol{a}_n]B = [\boldsymbol{a}_1 B, \boldsymbol{a}_2 B, \ldots, \boldsymbol{a}_n B]$$

(7) $m \times n$ 行列 $A = [a_{ij}]$，$n \times r$ 行列 $B = [b_{ij}]$ の積 AB の (i, j) 成分は $c_{ij} = \displaystyle\sum_{k=1}^{n} a_{ik} b_{jk}$ である．

問題 6.6

次の記述には必ず間違いがある．それを指摘し，訂正せよ．

(1) 行列 $\begin{bmatrix} 1 & 2 & 3 \\ 4 & 5 & 6 \end{bmatrix}$ の $(2,1)$ 成分は 2 である．

(2) 行列 $A = \begin{bmatrix} 1 & 2 \\ 3 & 4 \end{bmatrix}$ とベクトル $\boldsymbol{x} = \begin{bmatrix} 1 \\ 1 \end{bmatrix}$ に対し，$2A + \boldsymbol{x} = \begin{bmatrix} 3 & 5 \\ 7 & 9 \end{bmatrix}$ である．

問題 6.7

次の記述の中から**誤りのあるもの**をすべて選び，訂正せよ．ただし，A および X を n 次 $(n \geq 2)$ 正方行列とする．

(1) $AX = E_n$ または $XA = E_n$ が成り立てば A は正則である．

(2) $AX = E_n$ かつ $XA = E_n$ が成り立てば A は正則である．

(3) 左から掛けると第 1 行の 2 倍を第 4 行に加える 4 次基本行列は

$$P = \begin{bmatrix} 1 & 0 & 0 & 2 \\ 0 & 1 & 0 & 0 \\ 0 & 0 & 1 & 0 \\ 0 & 0 & 0 & 1 \end{bmatrix}$$ である．

(4) (3) の P は正則であり，その逆行列は $P^{-1} = \begin{bmatrix} 1 & 0 & 0 & \frac{1}{2} \\ 0 & 1 & 0 & 0 \\ 0 & 0 & 1 & 0 \\ 0 & 0 & 0 & 1 \end{bmatrix}$ である．

問題 6.8

次の記述には必ず間違いがある．それを指摘し，訂正せよ．

(1) 2 つのベクトル $\boldsymbol{a} = \begin{bmatrix} 1 \\ 2 \\ 3 \end{bmatrix}$，$\boldsymbol{b} = \begin{bmatrix} 4 \\ 5 \\ 6 \end{bmatrix}$ の積は $\begin{bmatrix} 4 \\ 10 \\ 18 \end{bmatrix}$ である．

(2) 写像 $f : A \to B$ が単射ならば，f の逆写像 f^{-1} が存在する．

(3) 写像 $f : A \to B$ の逆写像 $f^{-1} : B \to A$ が存在するとする．このとき，$f \circ f^{-1} = id_A$ である．ここで，id_A は A 上の恒等写像とする．

問題 6.9

次の記述の中から**誤りのあるものをすべて**選べ．

ただし，A と B は任意の $n (n \geq 2)$ 次正方行列，$\mathrm{tr}(A)$ は行列 A のトレース，$\det A$ は A の行列式，$\mathrm{rank}(A)$ は行列 A のランクを表すものとする．

(1) $\mathrm{tr}(A) = 0$ ならば，$\det A = 0$ である．

(2) $A = B$ ならば，$\det A = \det B$ である．

(3) $\mathrm{rank}(A) = r$ ならば，$0 \leq r \leq n$ である．

(4) $\mathrm{rank}(A) = r$ ならば，行列 A は，ある正則な n 次正方行列 P によって，$A = P \begin{bmatrix} E_r & \mathbf{0} \\ \mathbf{0} & \mathbf{0} \end{bmatrix} P^{-1}$ と変形できる．ここで，E_r は r 次単位行列で，$\mathbf{0}$ の部分には必要な数だけ 0 が入るものとする．

(5) ある正則な n 次正方行列 P および Q によって，$A = P \begin{bmatrix} E_r & \mathbf{0} \\ \mathbf{0} & \mathbf{0} \end{bmatrix} Q$ と変形できる．

(6) $\mathrm{rank}(A) = 0$ ならば，A は零行列である．

問題 6.10

次の問に答えよ．

(1) 「線形」とは，英語の何という単語の訳か？ その単語を書け．

(2) 「線形」の意味を数式や数学記号を用いずに日本語で書け．

(3) 「線形代数」が利用されている分野をいくつか挙げよ．

問題 6.11

次の空欄にあてはまる適切な言葉もしくは数学記号を書け．

$\mathbb{R}$ 上の n 次元数ベクトル全体の集合を [(ア) 数学記号] と書いて，これを $\mathbb{R}$ 上の [(イ) 言葉] という．また，このとき，$\mathbb{R}$ の要素のことを [(ウ) 言葉] といい，[(エ) 数学記号] のベクトルのことを平面ベクトル，[(オ) 数学記号] のベクトルのことを空間ベクトルなどと呼ぶ．

問題 6.12

2 つの空間ベクトルを $\boldsymbol{a} = \begin{bmatrix} 1 \\ -3 \\ 2 \end{bmatrix}$, $\boldsymbol{b} = \begin{bmatrix} -2 \\ -1 \\ 3 \end{bmatrix}$ とする．このとき，次の問に答えよ．

(1) $\boldsymbol{a}$ と $\boldsymbol{b}$ のなす角 θ を求めよ．　(2) $\boldsymbol{a}$ と $\boldsymbol{b}$ の外積 $\boldsymbol{a} \times \boldsymbol{b}$ を求めよ．

(3) 外積 $(\boldsymbol{a} \times \boldsymbol{b}) \times (\boldsymbol{a} \times \boldsymbol{b})$ を求めよ．

問題 6.13

次の問に答えよ．

(1) 行列 $A = \begin{bmatrix} 1 & 1 & 1 & 1 \\ 1 & 1 & 1 & 1 \\ 1 & 1 & 1 & 1 \\ 1 & 1 & 1 & 1 \end{bmatrix}$ のランクを求めよ．

(2) 3 次元ベクトル $\boldsymbol{a} = \begin{bmatrix} 1 \\ 8 \\ 4 \end{bmatrix}$, と $\boldsymbol{b} = \begin{bmatrix} 2 \\ -1 \\ 3 \end{bmatrix}$ の外積 $\boldsymbol{a} \times \boldsymbol{b}$ を求めよ．

(3) 2 つの 4 次元ベクトル $\boldsymbol{a} = \begin{bmatrix} -4 \\ 2 \\ 2 \\ -5 \end{bmatrix}$ と $\boldsymbol{b} = \begin{bmatrix} 2 \\ 2 \\ -1 \\ 4 \end{bmatrix}$ のなす角を θ とするとき，$\cos\theta$ を求めよ．

(4) 行列式 $\begin{vmatrix} 1 & 2 & -3 & 4 \\ 0 & 7 & 3 & 5 \\ 2 & 4 & -2 & 5 \\ 0 & 1 & 6 & -3 \end{vmatrix}$ を求めよ．

(5) $\boldsymbol{a}_1$, $\boldsymbol{a}_2$, $\boldsymbol{a}_3$, $\boldsymbol{a}_4$, $\boldsymbol{b}$, $\boldsymbol{x}$ を 4 次元列ベクトルとし，行列 $\boldsymbol{A}=[\boldsymbol{a}_1, \boldsymbol{a}_2, \boldsymbol{a}_3, \boldsymbol{a}_4]$ は正則であるとする．このとき，クラメールの公式によれば，連立一次方程式 $A\boldsymbol{x} = \boldsymbol{b}$ の解 $\boldsymbol{x} =^t [x_1\ x_2\ x_3\ x_4]$ はどのように表すことができるか？ 次の空欄を埋めよ．ただし，答案に書くときには空欄以外の部分もすべて記載すること．

$x_1 = \dfrac{1}{\boxed{}}\det[\boxed{}]$,　$x_2 = \dfrac{1}{\boxed{}}\det[\boxed{}]$,
$x_3 = \dfrac{1}{\boxed{}}\det[\boxed{}]$,　$x_4 = \dfrac{1}{\boxed{}}\det[\boxed{}]$

問題 6.14

行列

$$A_1 = \begin{bmatrix} 1 & 2 \\ 2 & 1 \end{bmatrix}, \quad A_2 = \begin{bmatrix} 1 & 2 & 3 \\ 4 & 5 & 6 \end{bmatrix},$$
$$A_3 = \begin{bmatrix} 0 & 2 & -1 \\ -2 & 0 & -3 \\ 1 & 3 & 0 \end{bmatrix}, \quad A_4 = \begin{bmatrix} -1 & 1 \\ -2 & 3 \\ 5 & 7 \end{bmatrix}$$

について以下の問に答えよ．

(1) $A_1 \sim A_4$ の中に対称行列はあるか？ あれば，それをすべて列挙せよ．
(2) $A_1 \sim A_4$ の中に交代行列はあるか？ あれば，それをすべて列挙せよ．
(3) $A_1 \sim A_4$ に対して，その転置行列 ${}^tA_1 \sim {}^tA_4$ が存在すれば，それをすべて求めよ．
(4) 次の行列演算のうち，実行可能なものをすべて選んで計算せよ．

$$A_1A_2,\ A_2A_1,\ A_2A_3,\ A_3A_2,\ A_3A_4,\ A_4A_3,\ 2A_1 + A_2A_4,\ A_4A_2 - A_3$$

問題 6.15

行列 $A = \begin{bmatrix} 2 & -1 & 1 \\ 1 & 3 & -1 \\ 1 & 2 & 4 \end{bmatrix}$ および $B = \begin{bmatrix} 1 & 2 & 0 & 0 \\ 0 & 1 & 0 & 1 \\ 2 & 2 & 1 & 0 \\ -1 & 0 & 0 & 1 \end{bmatrix}$ に対し，次の問に答えよ．

(1) A の余因子行列 $\mathrm{Cof}(A)$ および逆行列 A^{-1} を求めよ．
(2) B の逆行列 B^{-1} を掃き出し法に基づいて求めよ．

問題 6.16

次の問に答えよ．

(1) 平面においてベクトル $\boldsymbol{a}$ を直線 $y = \sqrt{3}x$ と線対称の位置 $t_l(\boldsymbol{a})$ に移す行列 T_l，つまり，$t_l(\boldsymbol{a}) = T_l\boldsymbol{a}$ を満たす 2 次正方行列 T_l を具体的に書け.
(2) $f(x) = \tan x, \quad f : (-\frac{\pi}{2}, \frac{\pi}{2}) \to \mathbb{R}$ が全射，単射，全単射であるかどうか調べよ.

問題 6.17

次の行列式を計算せよ．ただし，(2) は必ず因数分解した形にすること.

(1) $\begin{vmatrix} 8 & 3 & 2 & -5 \\ 4 & -1 & 2 & 3 \\ 5 & 6 & 2 & 3 \\ 1 & 6 & 2 & 7 \end{vmatrix}$ (2) $\begin{vmatrix} 1 & 1 & 1 \\ a & a^2 & a^3 \\ b & b^2 & b^3 \end{vmatrix}$

問題 6.18

次の問に答えよ.

(1) $A = \begin{bmatrix} 4 & 1 \\ -1 & 5 \\ 2 & 3 \end{bmatrix}$, $B = \begin{bmatrix} 2 & 1 \\ -3 & 4 \end{bmatrix}$ とする．積 AB, BA が定義できるならば，それを計算せよ.
(2) 置換 $\begin{pmatrix} 1 & 2 & 3 & 4 & 5 & 6 & 7 \\ 6 & 7 & 3 & 5 & 2 & 1 & 4 \end{pmatrix}$ を互換の積で表せ.
(3) $A = \begin{bmatrix} 1 & 2 & 3 & 4 \\ 5 & 6 & 7 & 8 \\ 9 & 10 & 11 & 12 \end{bmatrix}$ のランクを計算せよ.
(4) $f(x) = \sin x, \quad f : [-\frac{\pi}{2}, \frac{\pi}{2}] \to \mathbb{R}$ が全射，単射，全単射であるかどうか調べよ.
(5) n 次正方行列 A が正則であるための必要十分条件を行列式およびランクを用いて述べよ.
(6) $A = \begin{bmatrix} 1 & -1 & 1 \\ 2 & 1 & 0 \\ 1 & -2 & 3 \end{bmatrix}$ の逆行列を求めよ.
(7) n 次正方行列 A, B が正則ならば，積 AB も正則であることを示せ.

問題 6.19

次の問に答えよ.

(1) 行列式 $\begin{vmatrix} 1 & a & a^2 - bc \\ 1 & b & b^2 - ca \\ 1 & c & c^2 - ab \end{vmatrix}$ を計算せよ．ただし，計算する際には，行列式の性質を用いて必ず $\begin{vmatrix} * & 0 & 0 \\ 0 & * & * \\ 0 & * & * \end{vmatrix}$ の形に変形し，変形毎にどのような変形を行ったか明記すること.

(2) 5次正方行列 $A = [a_{ij}]$ の行列式 $\det A$ において，$a_{12}a_{21}a_{35}a_{43}a_{54}$ の符号は $+$ か $-$ か？ 理由を述べて答えよ．

(3) 行列式 $\begin{vmatrix} 3 & 2 & 2 & 9 \\ 2 & 5 & 4 & 6 \\ -1 & 3 & 6 & -3 \\ 1 & 2 & 8 & 3 \end{vmatrix}$ を求めよ．

問題 6.20

$$\begin{cases} 2x + 3y + 4z = 1 \\ 3x + 4y + 7z = 2 \\ x + 3y - z = k \end{cases}$$ が解を持つように k を定めよ．

第II部

ベクトル空間と行列の標準形

第7章

ベクトル空間

第II部では，特に断りがなければ，K は実数体 $\mathbb{R}$ または複素数体 $\mathbb{C}$，場合によっては有理数体 $\mathbb{Q}$ を表すものとする．

Section 7.1

ベクトル空間

ベクトル空間

定義 7.1． 集合 V が K ベクトル空間（または抽象 K ベクトル空間）であるとは，V の 2 つの要素 $\boldsymbol{a}, \boldsymbol{b}$ に対して，その和 $\boldsymbol{a}+\boldsymbol{b}$ が V の要素として定義され，また，V の要素 $\boldsymbol{a}$ と K の要素 α に対して，スカラー倍と呼ばれる $\alpha\boldsymbol{a}$ が V の要素として定義されていて，次の 7 条件が満たされるときをいう．

和の結合則　任意の $\boldsymbol{a}, \boldsymbol{b}, \boldsymbol{c} \in V$ について $\boldsymbol{a} + (\boldsymbol{b} + \boldsymbol{c}) = (\boldsymbol{a} + \boldsymbol{b}) + \boldsymbol{c}$

和の可換性　任意の $\boldsymbol{a}, \boldsymbol{b} \in V$ について $\boldsymbol{a} + \boldsymbol{b} = \boldsymbol{b} + \boldsymbol{a}$

0 の存在　特別な要素 $\boldsymbol{0}$ があって，$\boldsymbol{a}+\boldsymbol{0} = \boldsymbol{0}+\boldsymbol{a} = \boldsymbol{a}$ が任意の $\boldsymbol{a} \in V$ について成立する．

マイナスの存在　任意の $\boldsymbol{a} \in V$ について $\boldsymbol{a} + \boldsymbol{a}' = \boldsymbol{a}' + \boldsymbol{a} = \boldsymbol{0}$ を満たす $\boldsymbol{a}' \in V$ が存在する．通常，この $\boldsymbol{a}'$ を $-\boldsymbol{a}$ と書く．

1 によるスカラー倍　任意の要素 $\boldsymbol{a} \in V$ について $1 \cdot \boldsymbol{a} = \boldsymbol{a}$

スカラー倍の結合則 任意の $\alpha, \beta \in K$ と $\boldsymbol{a} \in V$ に対して

$$\alpha(\beta \boldsymbol{a}) = (\alpha\beta)\boldsymbol{a}$$

スカラー倍の分配則 任意の $\boldsymbol{a}, \boldsymbol{b} \in V$ と $\alpha, \beta \in K$ に対して

$$\alpha(\boldsymbol{a} + \boldsymbol{b}) = \alpha\boldsymbol{a} + \alpha\boldsymbol{b} \quad \text{および} \quad (\alpha + \beta)\boldsymbol{a} = \alpha\boldsymbol{a} + \beta\boldsymbol{a}$$

V が K ベクトル空間であるとき，V の要素を**ベクトル**，K の要素を**スカラー**という．

ベクトル空間の例

例 7.1． (1) 数ベクトル空間 $\mathbb{R}^n$ は $\mathbb{R}$ ベクトル空間であり，数ベクトル空間 $\mathbb{C}^n$ は $\mathbb{C}$ ベクトル空間である．

(2) $m \times n$ 実行列全体の集合 $M_{m\times n}(\mathbb{R})$ は行列の和とスカラー倍を考えることで $\mathbb{R}$ ベクトル空間になる．また，$m \times n$ 複素行列全体の集合 $M_{m\times n}(\mathbb{C})$ は行列の和とスカラー倍を考えることで $\mathbb{C}$ ベクトル空間になる．

(3) 実係数の x の多項式全体の集合を $P(\mathbb{R})$ と書くと，通常の多項式の和および定数倍を考えて $P(\mathbb{R})$ は $\mathbb{R}$ ベクトル空間となる．また，$P_n(\mathbb{R})$ を次数が n 以下の多項式全体の集合とすると $P_n(\mathbb{R})$ は $P(\mathbb{R})$ の部分集合であり，それ自体 $\mathbb{R}$ ベクトル空間である．なお，複素係数の多項式についても同様にして $P(\mathbb{C})$ および $P_n(\mathbb{C})$ が $\mathbb{C}$ ベクトル空間であることが分かる．

(4) $\mathbb{R}$ の開区間 I に対して I 上で C^n 級の関数全体を C^n 級で表すと通常の関数の和と定数倍で $C^n(I)$ は $\mathbb{R}$ ベクトル空間である．

(5) $a_n \in K$ を順番に並べて作った数列 $\{a_n\}$ 全体を S とおく．$^\forall\boldsymbol{a}, {}^\forall\boldsymbol{b} \in S$ $(\boldsymbol{a} = \{a_n\}$, $\boldsymbol{b} = \{b_n\})$ および $\alpha \in K$ に対して和とスカラー倍をそれぞれ

$$\{a_n\} + \{b_n\} = \{a_n + b_n\}, \quad \alpha\{a_n\} = \{\alpha a_n\}$$

で定義すると，S は K 上のベクトル空間になる．これを**数列空間**という．

ベクトル空間

問題 7.1． 複素数体を $\mathbb{C}$，実数体を $\mathbb{R}$，有理数体を $\mathbb{Q}$，$m \times n$ 実行列全体の集合を $M_{m\times n}(\mathbb{R})$ とする．このとき，次の問に答えよ．

(1) $\mathbb{C}$ は通常の和と積を考えることで $\mathbb{R}$ ベクトル空間になるか？ 理由を述べて答えよ．

(2) $\mathbb{Q}$ は通常の和と積を考えることで $\mathbb{R}$ ベクトル空間になるか？ 理由を述べて答えよ．

(3) $M_{m\times n}(\mathbb{R})$ は行列の和とスカラー倍を考えることで $\mathbb{R}$ ベクトル空間になるか？ 理由を述べて答えよ．

（解答）

(1) $\mathbb{R}$ ベクトル空間になる．

（理由）$\forall x, y \in \mathbb{C} \Longrightarrow x + y \in \mathbb{C}$ かつ $\forall x \in \mathbb{C}, \forall \alpha \in \mathbb{R} \Longrightarrow \alpha x \in \mathbb{C}$ であり，ベクトル空間の定義の性質を満たすため．

(2) $\mathbb{R}$ ベクトル空間にはならない．

（理由）$\forall x \in \mathbb{Q}, \forall \alpha \in \mathbb{R}$ に対して $\alpha \boldsymbol{x} \in \mathbb{Q}$ がつねに成り立つとは限らないから．

(3) $\mathbb{R}$ ベクトル空間になる．

（理由）$\forall \boldsymbol{x}, \forall \boldsymbol{y} \in M_{m\times n}(\mathbb{R}) \Longrightarrow \boldsymbol{x} + \boldsymbol{y} \in M_{m\times n}(\mathbb{R})$ かつ $\forall \boldsymbol{x} \in M_{m\times n}(\mathbb{R}), \forall \alpha \in \mathbb{R} \Longrightarrow \alpha \boldsymbol{x} \in M_{m\times n}(\mathbb{R})$ であり，ベクトル空間の定義の性質を満たすため． ■

【評価基準・注意】==============================

- 解答にある「ベクトル空間の定義の性質」とは定義 7.1 の「和の結合則」～「スカラー倍の分配則」のことを指している.

==============================

演習問題

演習問題 7.1

$\forall \boldsymbol{a} \in V$ に対して
$$\boldsymbol{a} + \boldsymbol{a}' = \boldsymbol{a}' + \boldsymbol{a} = \boldsymbol{0}$$
を満たす $\boldsymbol{a}' \in V$ は存在すればただ 1 つであることを示せ.

演習問題 7.2

K ベクトル空間 V の任意の要素 $\boldsymbol{a}$ について $0 \cdot \boldsymbol{a} = \boldsymbol{0}$ および $(-1) \cdot \boldsymbol{a} = -\boldsymbol{a}$ が成り立つことを示せ.

演習問題 7.3

自然数全体の集合 $\mathbb{N}$ において通常の和と積をベクトルの和とスカラー倍と考えて, $\mathbb{N}$ を $\mathbb{Q}$ ベクトル空間とすることはできないことを示せ.

Section 7.2
一次独立性

一次結合・一次関係式

定義 7.2 . V を K ベクトル空間とする. $\boldsymbol{a}_1, \boldsymbol{a}_2, \ldots, \boldsymbol{a}_m \in V$ および $c_1, c_2, \ldots, c_m \in K$ に対して
$$\sum_{i=1}^{m} c_i \boldsymbol{a}_i = c_1 \boldsymbol{a}_1 + c_2 \boldsymbol{a}_2 + \cdots + c_m \boldsymbol{a}_m \tag{7.1}$$
を $\boldsymbol{a}_1, \boldsymbol{a}_2, \ldots, \boldsymbol{a}_m \in V$ の**一次結合**（または**線形結合**）という. また,
$$\sum_{i=1}^{m} c_i \boldsymbol{a}_i = c_1 \boldsymbol{a}_1 + c_2 \boldsymbol{a}_2 + \cdots + c_m \boldsymbol{a}_m = \boldsymbol{0} \tag{7.2}$$
となるとき, (7.2) をベクトルの**一次関係式**という. ここで,
$$c_1 = c_2 = \cdots = c_m = 0$$
のとき, この一次関係式は**自明である**といい, そうでないときに**自明でない一次関係式**という.

一次独立・一次従属

定義 7.3 . V を K ベクトル空間とする．$\boldsymbol{a}_1, \boldsymbol{a}_2, \ldots, \boldsymbol{a}_m \in V$ について，これらの一次関係式が自明なものに限るとき，つまり，$\forall c_i \in K(i = 1, 2, \ldots, m)$ に対して

$$\sum_{i=1}^{m} c_i \boldsymbol{a}_i = 0 \Longrightarrow c_1 = c_2 = \cdots = c_m = 0 \tag{7.3}$$

を満たすとき，$\boldsymbol{a}_1, \boldsymbol{a}_2, \ldots, \boldsymbol{a}_m$ は（K 上）**一次独立**（または**線形独立**）であるという．また，ベクトル $\boldsymbol{a}_1, \boldsymbol{a}_2, \ldots, \boldsymbol{a}_m$ が一次独立でないときに，これらのベクトルは**一次従属**（または**線形従属**）であるという．

一次独立

問題 7.2 . 次の問に答えよ．

(1) $\mathbb{R}$ ベクトル空間 $C(\mathbb{R})$ において $f(t) = \sin t$ と $g(t) = \cos t$ は一次独立であることを示せ．

(2) $\boldsymbol{a}_1, \boldsymbol{a}_2, \ldots, \boldsymbol{a}_r (r \leq n)$ が $\mathbb{R}^n$ の $\mathbf{0}$ でないベクトルのとき，このどの 2 つも互いに直交すると仮定すると，$\boldsymbol{a}_1, \boldsymbol{a}_2, \ldots, \boldsymbol{a}_r$ は一次独立であることを示せ．

（解答）

(1) $\forall c_1, \forall c_2 \in \mathbb{R}$ に対して $c_1 \sin t + c_2 \cos t = 0$ とすると，三角関数の合成公式より

$$c_1 \sin t + c_2 \cos t = \sqrt{c_1^2 + c_2^2} \sin(t + \alpha) = 0, \quad \tan \alpha = \frac{c_2}{c_1}$$

と表せる．

任意の t に対してこの等式が成り立つためには $c_1^2+c_2^2=0$ でなければならない．よって，$c_1=c_2=0$ なので，$f(t)$ と $g(t)$ は一次独立である．

(2) $x_1\boldsymbol{a}_1+x_2\boldsymbol{a}_2+\cdots+x_r\boldsymbol{a}_r=\boldsymbol{0}$ と仮定して $x_1=x_2=\cdots=x_r=0$ を示せばよい．

この式と任意の $i(1\leq i\leq r)$ について $\boldsymbol{a}_i$ との内積をとると

$$(x\boldsymbol{a}_1+\cdots+x_r\boldsymbol{a}_r,\boldsymbol{a}_i)=x_1(\boldsymbol{a}_1,\boldsymbol{a}_i)+\cdots x_i(\boldsymbol{a}_i,\boldsymbol{a}_i)+\cdots x_r(\boldsymbol{a}_r,\boldsymbol{a}_i)=0$$

であり直交性より $x_i(\boldsymbol{a}_i,\boldsymbol{a}_i)=0$ となる．

ここで，$\boldsymbol{a}_i\neq\boldsymbol{0}$ なので $(\boldsymbol{a}_i,\boldsymbol{a}_i)\neq 0$ となることに注意すれば，任意の $i(1\leq i\leq r)$ について $x_i=0$ となる．よって，$\boldsymbol{a}_1,\boldsymbol{a}_2,\ldots,\boldsymbol{a}_r$ は一次独立である．

■

【評価基準・注意】==============================

- (1) において，考え方が間違えているものは 0 点．例えば,「$c_1^2+c_2^2\neq 0$ なので一次独立」,「$c_1=c_2=0$ とすると」，などとしているものが対象．
- 公式の適用ミスや記号の表記ミスは程度に応じて減点する．例えば，(1) において，$c_1\sin t+c_2\cos t=\sqrt{c_1^2+c_2^2}\sin(t+t)=\sqrt{c_1^2+c_2^2}\sin(2t)$, $c_1\sin t+c_2\cos t=\sqrt{c_1+c_2}\sin(t+\alpha)$ としたり,「$c_1,c_2\in\mathbb{R}$」を「$c_1,c_2\in\mathbb{Q}$」としたり，c_1,c_2 が $\mathbb{R}$ に属していることを明記していないものなどが対象．
- (2) において，$n=2,n=3$ を考えて類推したものは証明になっていないので 0 点．
- (2) において，いきなり「直交するから一次独立」と書いているものは，証明すべき結果を使っているので 0 点．

==================================

一次従属

問題 7.3． $\mathbb{R}^3$ 内の 3 個のベクトル $\begin{bmatrix}a\\1\\1\end{bmatrix},\begin{bmatrix}1\\a\\1\end{bmatrix},\begin{bmatrix}1\\1\\a\end{bmatrix}$ が一次従属となるような a の値を定めよ．

（解答）

$\boldsymbol{a} = \begin{bmatrix} a \\ 1 \\ 1 \end{bmatrix}, \boldsymbol{b} = \begin{bmatrix} 1 \\ a \\ 1 \end{bmatrix}, \boldsymbol{c} = \begin{bmatrix} 1 \\ 1 \\ a \end{bmatrix}$ とする．このとき，$\boldsymbol{a}, \boldsymbol{b}, \boldsymbol{c}$ が一次従属になるには，$x\boldsymbol{a} + y\boldsymbol{b} + z\boldsymbol{c} = \boldsymbol{0}$ とするとき，少なくとも x, y, z のうち 1 つが 0 であってはならない．

そこで，$z = -1(\neq 0)$ として，$x \begin{bmatrix} a \\ 1 \\ 1 \end{bmatrix} + y \begin{bmatrix} 1 \\ a \\ 1 \end{bmatrix} = \begin{bmatrix} 1 \\ 1 \\ a \end{bmatrix}$ を考える．つまり，

$$xa + y = 1 \tag{7.4}$$

$$x + ya = 1 \tag{7.5}$$

$$x + y = a \tag{7.6}$$

を考える．$a = 1$ のとき，(7.4)〜(7.6) は満たされる．

次に，$a \neq 1$ とすると，(7.5)(7.6) より，$y = -1$ であり，(7.4)(7.6) より，$x = -1$ である．これを (7.6) に代入すると $a = -2$ である．

$x = y = -1, a = -2$ は (7.4)〜(7.6) を満たす．よって，$a = 1$ または $a = -2$. ■

【評価基準・注意】==============================

- a の値が合っていても考え方が間違えていたら 0 点.
- $\det \begin{vmatrix} a & 1 & 1 \\ 1 & a & 1 \\ 1 & 1 & a \end{vmatrix} = 0$ を満たす a を求めているものも正解とする.

=====================================

■■■ 演習問題 ■■■■■■■■■■■■■■■■■■■■■■■■■

演習問題 7.4

$\mathbb{R}^3$ 内の 3 個のベクトル

$$\boldsymbol{a} = \begin{bmatrix} 1 \\ 0 \\ 1 \end{bmatrix}, \quad \boldsymbol{b} = \begin{bmatrix} 1 \\ 1 \\ 0 \end{bmatrix}, \quad \boldsymbol{c} = \begin{bmatrix} a \\ 1 \\ 1 \end{bmatrix}$$

を考える．このとき，$\boldsymbol{a}, \boldsymbol{b}$ が一次独立であることを示し，$\boldsymbol{a}, \boldsymbol{b}, \boldsymbol{c}$ が一次従属となるように a の値を定めよ．

演習問題 7.5

$\mathbb{R}^3$ 内の 3 個のベクトル $\boldsymbol{a} = \begin{bmatrix} 2 \\ -1 \\ a \end{bmatrix}, \boldsymbol{b} = \begin{bmatrix} 1 \\ 0 \\ 1 \end{bmatrix}, \boldsymbol{c} = \begin{bmatrix} 0 \\ 2 \\ 2 \end{bmatrix}$ を考える．このとき，次の問に答えよ．

(1) $\boldsymbol{b}$ と $\boldsymbol{c}$ は一次独立であることを示せ．
(2) $\boldsymbol{a}, \boldsymbol{b}, \boldsymbol{c}$ が一次従属となるように a の値を定めよ．

演習問題 7.6

$\mathbb{R}^3$ 内の 3 つのベクトル

$$\boldsymbol{a} = \begin{bmatrix} 1 \\ 1 \\ 0 \end{bmatrix}, \quad \boldsymbol{b} = \begin{bmatrix} 1 \\ 0 \\ 1 \end{bmatrix}, \quad \boldsymbol{c} = \begin{bmatrix} 0 \\ 1 \\ 1 \end{bmatrix}$$

は一次独立か一次従属かを調べよ．

演習問題 7.7

2 つの空間ベクトル $\boldsymbol{a}$ と $\boldsymbol{b}$ について

$$\boldsymbol{a}, \boldsymbol{b} \text{が一次従属} \iff \boldsymbol{a} \times \boldsymbol{b} = \boldsymbol{0}$$

が成立することを証明せよ．

演習問題 7.8

$\mathbb{R}$ ベクトル空間 $C(\mathbb{R})$ において，$f(t) = 1$ と $g(t) = t$ は一次独立であることを示せ．

Section 7.3
部分空間

部分空間

定義 7.4． K ベクトル空間 V の空でない部分集合 W が，和とスカラー倍について閉じているとき，これを V の**部分ベクトル空間**または単に**部分空間**という．すなわち，次の性質を満たすときである．

$$\forall \boldsymbol{a}, \forall \boldsymbol{b} \in W \text{ に対し } \boldsymbol{a} + \boldsymbol{b} \in W \tag{7.7}$$

$$\forall \boldsymbol{a} \in W, \forall \alpha \in K \text{ に対し } \alpha \boldsymbol{a} \in W \tag{7.8}$$

部分空間の性質

定理 7.1． W は K ベクトル空間 V の部分空間であるための必要十分条件は，$\forall \boldsymbol{a}, \forall \boldsymbol{b} \in W, \forall \alpha, \forall \beta \in K$ に対し，$\alpha \boldsymbol{a} + \beta \boldsymbol{b} \in W$ が成り立つことである．

生成された部分空間

定義 7.5． K ベクトル空間 V のいくつかのベクトル $\boldsymbol{a}_1, \boldsymbol{a}_2, \ldots, \boldsymbol{a}_r$ が与えられたとき，これら r 個のベクトルの一次結合で表されるベクトルの全体を $L(\boldsymbol{a}_1, \boldsymbol{a}_2, \ldots, \boldsymbol{a}_r)$ と表す．すなわち，

$$L(\boldsymbol{a}_1, \boldsymbol{a}_2, \ldots, \boldsymbol{a}_r) = \{c_1\boldsymbol{a}_1 + c_2\boldsymbol{a}_2 + \cdots + c_r\boldsymbol{a}_r | c_1, c_2, \ldots, c_r \in K\}$$

である．このとき，$L(\boldsymbol{a}_1, \boldsymbol{a}_2, \ldots, \boldsymbol{a}_r)$ は V の部分ベクトル空間である．$L(\boldsymbol{a}_1, \boldsymbol{a}_2, \ldots, \boldsymbol{a}_r)$ をベクトル $\{\boldsymbol{a}_1, \boldsymbol{a}_2, \ldots, \boldsymbol{a}_r\}$ によって**生成された部分空間**あるいは**張られた部分空間**といい，$\{\boldsymbol{a}_1, \boldsymbol{a}_2, \ldots, \boldsymbol{a}_r\}$ をその部分空間の**生成系**と呼ぶ．特に，$V = L(\boldsymbol{a}_1, \boldsymbol{a}_2, \ldots, \boldsymbol{a}_r)$ となるとき，$\{\boldsymbol{a}_1, \boldsymbol{a}_2, \ldots, \boldsymbol{a}_r\}$ を V の**生成系**という．

ベクトルの表現

定理 7.2． K ベクトル空間 V のベクトル $\boldsymbol{a}_1, \boldsymbol{a}_2, \ldots, \boldsymbol{a}_m$ が一次独立だと仮定する．このとき，任意のベクトル $\boldsymbol{x}$ について次が成り立つ．

(1) $\boldsymbol{x} \in L(\boldsymbol{a}_1, \boldsymbol{a}_2, \ldots, \boldsymbol{a}_m)$ ならば $\boldsymbol{a}_1, \boldsymbol{a}_2, \ldots, \boldsymbol{a}_m, \boldsymbol{x}$ は一次従属で $\boldsymbol{x}$ は $\boldsymbol{a}_1, \boldsymbol{a}_2, \ldots, \boldsymbol{a}_m$ の一次結合としてただ一通りに表される．

(2) $\boldsymbol{x} \notin L(\boldsymbol{a}_1, \boldsymbol{a}_2, \ldots, \boldsymbol{a}_m)$ ならば $\boldsymbol{a}_1, \boldsymbol{a}_2, \ldots, \boldsymbol{a}_m, \boldsymbol{x}$ は一次独立である．

生成された部分空間

問題 7.4． K ベクトル空間 V のいくつかのベクトル $\boldsymbol{a}_1, \boldsymbol{a}_2, \ldots, \boldsymbol{a}_r$ が与えられたとき，

$$L(\boldsymbol{a}_1, \boldsymbol{a}_2, \ldots, \boldsymbol{a}_r) = \{c_1\boldsymbol{a}_1 + c_2\boldsymbol{a}_2 + \cdots + c_r\boldsymbol{a}_r | c_1, c_2, \ldots, c_r \in K\}$$

は V の部分ベクトル空間であることを示せ．

（解答）

$W = L(\boldsymbol{a}_1, \boldsymbol{a}_2, \ldots, \boldsymbol{a}_r)$ とする．$\boldsymbol{a}_i \in W (1 \leq i \leq r)$ より $W \neq \emptyset$ である．
$\forall \boldsymbol{x}, \forall \boldsymbol{y} \in W$ とすると，仮定より

$$\boldsymbol{x} = x_1\boldsymbol{a}_1 + x_2\boldsymbol{a}_2 + \cdots + x_r\boldsymbol{a}_r, \qquad \boldsymbol{y} = y_1\boldsymbol{a}_1 + y_2\boldsymbol{a}_2 + \cdots + y_r\boldsymbol{a}_r$$

と書ける．$\forall\alpha, \forall\beta \in K$ に対して

$$\alpha\boldsymbol{x} + \beta\boldsymbol{y} = (\alpha x_1 + \beta y_1)\boldsymbol{a}_1 + (\alpha x_2 + \beta y_2)\boldsymbol{a}_2 + \cdots (\alpha x_r + \beta y_r)\boldsymbol{a}_r$$

は $\boldsymbol{a}_1, \boldsymbol{a}_2, \ldots, \boldsymbol{a}_r$ の一次結合なので定義より $\alpha\boldsymbol{a} + \beta\boldsymbol{b} \in W$ である．
よって W は V の部分空間である．■

【評価基準・注意】==========================

- ベクトルとスカラーを混同したような記号の使い方をしている場合は程度に応じて減点する．
- 証明すべき結果を使っているもの，例えば，「$L(\boldsymbol{a}_1, \boldsymbol{a}_2, \ldots, \boldsymbol{a}_n)$ の元は $\boldsymbol{a}_1$, $\boldsymbol{a}_2$, …, $\boldsymbol{a}_n$ の一次結合だから $L(\boldsymbol{a}_1, \boldsymbol{a}_2, \ldots, \boldsymbol{a}_n)$ は V の部分ベクトル空間」としているものは 0 点．

======================================

部分空間

問題 7.5． 次の $\mathbb{R}^3$ の部分集合が部分空間となるかどうか調べよ．

(1) $A = \left\{ \begin{bmatrix} x \\ y \\ z \end{bmatrix} \middle| x = 0 \right\}$　　(2) $B = \left\{ \begin{bmatrix} x \\ y \\ z \end{bmatrix} \middle| xyz = 0 \right\}$

(解答)

(1) 例えば $\begin{bmatrix} 0 \\ 0 \\ 0 \end{bmatrix} \in A$ なので $A \neq \emptyset$ である.

$\forall \boldsymbol{a} = \begin{bmatrix} a_1 \\ a_2 \\ a_3 \end{bmatrix}, \forall \boldsymbol{b} = \begin{bmatrix} b_1 \\ b_2 \\ b_3 \end{bmatrix} \in A, \forall\alpha, \forall\beta \in \mathbb{R}$ に対して

$\alpha\boldsymbol{a} + \beta\boldsymbol{b} = \begin{bmatrix} \alpha a_1 + \beta b_1 \\ \alpha a_2 + \beta b_2 \\ \alpha a_3 + \beta b_3 \end{bmatrix}$ である．ここで，$\alpha a_1 + \beta b_1 = 0$ なので

$\alpha\boldsymbol{a} + \beta\boldsymbol{b} \in A$ となる．よって，A は $\mathbb{R}^3$ の部分空間である.

(2) 例えば，$\begin{bmatrix} 0 \\ 0 \\ 0 \end{bmatrix} \in B$ なので $B \neq \emptyset$ である．一方，$\boldsymbol{a} = \begin{bmatrix} 1 \\ 1 \\ 0 \end{bmatrix}$,

$\boldsymbol{b} = \begin{bmatrix} 0 \\ 1 \\ 1 \end{bmatrix} \in B$ だが，$\boldsymbol{a} + \boldsymbol{b} = \begin{bmatrix} 1 \\ 2 \\ 1 \end{bmatrix} \notin B$ なので B は $\mathbb{R}^3$ の部分空間ではない.

■

【評価基準・注意】==

- (1) は $\boldsymbol{a} = \begin{bmatrix} 0 \\ a_2 \\ a_3 \end{bmatrix}, \boldsymbol{b} = \begin{bmatrix} 0 \\ b_2 \\ b_3 \end{bmatrix}$ としてもよいが，特定のもの，例えば，$\boldsymbol{a} = \begin{bmatrix} 0 \\ 1 \\ 1 \end{bmatrix}$, $\boldsymbol{b} = \begin{bmatrix} 0 \\ 1 \\ 2 \end{bmatrix}$ などとしてはいけない.
- (1) において，$(\alpha a_1 + \beta b_1) + (\alpha a_2 + \beta b_2) + (\alpha a_3 + \beta b_3)$ を計算しても意味がない．この計算が意味をもつのは，$A = \left\{ \begin{bmatrix} x \\ y \\ z \end{bmatrix} \middle| x + y + z = 0 \right\}$ が部分空間であることを示すときである.

==

演習問題

演習問題 7.9
次の $\mathbb{R}^3$ の部分集合が部分空間となるかどうか調べよ．

(1) $A = \left\{ \begin{bmatrix} x \\ y \\ z \end{bmatrix} \middle| x + 2y + 3z = 0 \right\}$ (2) $B = \left\{ \begin{bmatrix} x \\ y \\ z \end{bmatrix} \middle| x + 2y + 3z = 1 \right\}$

演習問題 7.10
A を $m \times n$ 行列とする．このとき，連立一次方程式 $A\boldsymbol{x} = \boldsymbol{b}(\boldsymbol{b} \neq \boldsymbol{0})$ の解全体 $V = \{\boldsymbol{x} \in \mathbb{R}^n | A\boldsymbol{x} = \boldsymbol{b}\}$ は $\mathbb{R}^n$ の部分空間となるか？ 理由を述べて答えよ．

Section 7.4
基底と次元

この節では V を K ベクトル空間とする．

基底

定義 7.6． $V = L(\boldsymbol{a}_1, \boldsymbol{a}_2, \ldots, \boldsymbol{a}_m)$ を満たし，かつ $\boldsymbol{a}_1, \boldsymbol{a}_2, \ldots, \boldsymbol{a}_m$ が一次独立であるとき，生成系 $\{\boldsymbol{a}_1, \boldsymbol{a}_2, \ldots, \boldsymbol{a}_m\}$ を V の**基底**という．

基底の個数

定理 7.3． V に有限個のベクトルから成る基底が存在するときには，この基底のベクトルの個数は常に一定である．すなわち，$\boldsymbol{a}_1, \boldsymbol{a}_2, \ldots, \boldsymbol{a}_m$ と $\boldsymbol{b}_1, \boldsymbol{b}_2, \ldots, \boldsymbol{b}_n$ がともに V の基底であるとすると $m = n$ が成り立つ．

次元

定義 7.7． V に m 個のベクトルから成る基底が存在するとき，この m を K ベクトル空間 V の**次元**といって，

$$\dim_K V = m \qquad \text{または，単に} \qquad \dim V = m$$

と表す．

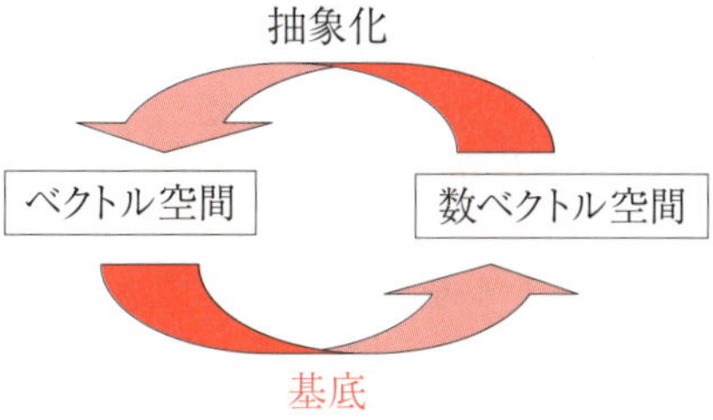

基底と次元

定理 7.4. (1) n 次元 K ベクトル空間 V の一次独立なベクトル $\boldsymbol{a}_1, \boldsymbol{a}_2, \ldots, \boldsymbol{a}_r (r \leq n)$ が与えられたとき，これを延長して $\{\boldsymbol{a}_1, \boldsymbol{a}_2, \ldots, \boldsymbol{a}_r, \boldsymbol{a}_{r+1}, \ldots, \boldsymbol{a}_n\}$ を V の基底にすることができる.

(2) n 次元 K ベクトル空間 V の一次独立な n 個のベクトルの集合 $\{\boldsymbol{a}_1, \boldsymbol{a}_2, \ldots, \boldsymbol{a}_n\}$ は V の基底になる.

(3) K ベクトル空間 V とその部分空間 W について

$$\dim_K W \leq \dim_K V$$

(4) K ベクトル空間 V とその部分空間 W について

$$\dim_K W = \dim_K V \overset{\text{iff}}{\Longleftrightarrow} W = V$$

数ベクトルの基底

定理 7.5. 数ベクトル空間 K^n の n 個のベクトル $\boldsymbol{a}_1, \boldsymbol{a}_2, \ldots, \boldsymbol{a}_n$ について次の条件はすべて同値である.

(1) $\boldsymbol{a}_1, \boldsymbol{a}_2, \ldots, \boldsymbol{a}_n$ は K^n の基底である.

(2) $\boldsymbol{a}_1, \boldsymbol{a}_2, \ldots, \boldsymbol{a}_n$ は一次独立である.

(3) $\boldsymbol{a}_1, \boldsymbol{a}_2, \ldots, \boldsymbol{a}_n$ は K^n を生成する．すなわち，

$$L(\boldsymbol{a}_1, \boldsymbol{a}_2, \ldots, \boldsymbol{a}_n) = K^n$$

(4) この n 個の数ベクトルを横に並べてできる n 次正方行列 $A = [\boldsymbol{a}_1, \boldsymbol{a}_2, \ldots, \boldsymbol{a}_n]$ は正則である．

(5) $\mathrm{rank}(A) = n$

なお，n 次元基本ベクトル $\boldsymbol{e}_1 = \begin{bmatrix} 1 \\ 0 \\ \vdots \\ 0 \end{bmatrix}, \boldsymbol{e}_2 = \begin{bmatrix} 0 \\ 1 \\ \vdots \\ 0 \end{bmatrix}, \cdots, \boldsymbol{e}_n = \begin{bmatrix} 0 \\ 0 \\ \vdots \\ 1 \end{bmatrix}$ は，$\mathbb{R}^n$ の基底をなす．これを**標準基底**と呼ぶことがある．

次元

問題 7.6 ． $W = \left\{ \begin{bmatrix} x & y \\ 0 & z \end{bmatrix} \middle| x, y, z \in \mathbb{R} \right\}$ は $M_{2\times 2}(\mathbb{R})$ の部分空間であることを示し，その次元を求めよ．

（解答）

$\forall A, \forall B \in W$ に対して $A = \begin{bmatrix} x & y \\ 0 & z \end{bmatrix}, B = \begin{bmatrix} x' & y' \\ 0 & z' \end{bmatrix}$ とすると，

$\forall \alpha, \forall \beta \in \mathbb{R}$ に対して

$$\alpha A + \beta B = \begin{bmatrix} \alpha x + \beta x' & \alpha y + \beta y' \\ 0 & \alpha z + \beta z' \end{bmatrix} \in W$$

なので，W は $M_{2\times 2}(\mathbb{R})$ の部分空間である．

また，$E_{ij}(1 \leq i, j \leq 2)$ を行列単位とすると

$$\begin{bmatrix} x & y \\ 0 & z \end{bmatrix} = xE_{11} + yE_{12} + zE_{22} = O_{22}$$

のとき，$x = y = z = 0$ となるので，E_{11}, E_{12}, E_{22} が W の基底であることが分かる．よって $\dim W = 3$. ■

【評価基準・注意】==============================

- 理由を書いていなかったり，理由がデタラメなものは 0 点．理由がデタラメなものとしては,「$A, B, \alpha, \beta \in \mathbb{R}$ とすると...」,「$A, B, \alpha, \beta \in W$ とすると...」,「$x, y, z \in \mathbb{R}$ なので部分空間」,「$x, y, z \in \mathbb{R}$ なので次元は 3」,「2 次正方行列なので次元は 2」など.

==

■■■ 演習問題 ■■■■■■■■■■■■■■■■■■■■■■■■■

演習問題 7.11

$W = \left\{ \begin{bmatrix} x & y \\ -y & x \end{bmatrix} \middle| x, y \in \mathbb{R} \right\}$ は $M_{2\times 2}(\mathbb{R})$ の部分空間であることを示し，その次元を求めよ．

数ベクトルの基底

問題 7.7． $\boldsymbol{a}_1 = \begin{bmatrix} -1 \\ -1 \\ 0 \end{bmatrix}, \boldsymbol{a}_2 = \begin{bmatrix} -1 \\ 0 \\ 1 \end{bmatrix}, \boldsymbol{a}_3 = \begin{bmatrix} 0 \\ 1 \\ -1 \end{bmatrix}$ は $\mathbb{R}^3$ の基底を成すか？ 理由を述べて答えよ．

（解答）

$$A = [\boldsymbol{a}_1, \boldsymbol{a}_2, \boldsymbol{a}_3] = \begin{bmatrix} -1 & -1 & 0 \\ -1 & 0 & 1 \\ 0 & 1 & -1 \end{bmatrix}$$ とすると

$$A \to \begin{bmatrix} 1 & 1 & 0 \\ -1 & 0 & 1 \\ 0 & 1 & -1 \end{bmatrix} \to \begin{bmatrix} 1 & 1 & 0 \\ 0 & 1 & 1 \\ 0 & 1 & -1 \end{bmatrix} \to \begin{bmatrix} 1 & 1 & 0 \\ 0 & 1 & 1 \\ 0 & 0 & -2 \end{bmatrix} \to \begin{bmatrix} 1 & 1 & 0 \\ 0 & 1 & 1 \\ 0 & 0 & 1 \end{bmatrix} \to$$
$$\begin{bmatrix} 1 & 1 & 0 \\ 0 & 1 & 0 \\ 0 & 0 & 1 \end{bmatrix} \to \begin{bmatrix} 1 & 0 & 0 \\ 0 & 1 & 0 \\ 0 & 0 & 1 \end{bmatrix}$$

である．よって，$\mathrm{rank}A = 3$ なので $\{\boldsymbol{a}_1, \boldsymbol{a}_2, \boldsymbol{a}_3\}$ は基底をなす． ■

【評価基準・注意】＝＝＝＝＝＝＝＝＝＝＝＝＝＝＝＝＝＝＝＝＝＝＝＝＝＝＝＝＝＝＝＝＝＝

- 説明不足や記号ミスは減点対象になる．例えば,「→」が「=」になっていないか？ $\begin{bmatrix} a & b \\ c & d \end{bmatrix}$ が $\begin{vmatrix} a & b \\ c & d \end{vmatrix}$ になっていないか？
- 変換行列を用いているものは，その正則性をいう必要がある．
- 一次独立性を示してもよいし，$\det A$ や A^{-1} を求めて A の正則性を示してもよい．

＝＝

■■■ 演習問題 ■■■■■■■■■■■■■■■■■■■■■■■■■

演習問題 7.12

$\mathbb{R}^3$ の 3 個のベクトル $\boldsymbol{a}_1 = \begin{bmatrix} 2 \\ -1 \\ 0 \end{bmatrix}$, $\boldsymbol{a}_2 = \begin{bmatrix} 1 \\ 0 \\ 3 \end{bmatrix}$, $\boldsymbol{a}_3 = \begin{bmatrix} -2 \\ 1 \\ 0 \end{bmatrix}$ は一次独立か？ また，これらは基底をなすか？

Section 7.5
基底変換

基底変換

定理 7.6 . V を n 次元ベクトル空間とし，$\{\boldsymbol{a}_1, \boldsymbol{a}_2, \ldots, \boldsymbol{a}_n\}$ と $\{\boldsymbol{b}_1, \boldsymbol{b}_2, \ldots, \boldsymbol{b}_n\}$ は V の基底とする．このとき，

$$[\boldsymbol{a}_1, \boldsymbol{a}_2, \ldots, \boldsymbol{a}_n] = [\boldsymbol{b}_1, \boldsymbol{b}_2, \ldots, \boldsymbol{b}_n]P \tag{7.9}$$

を満たす正則な n 次正方行列 P が存在する．

なお，(7.9) の P を基底 $\{\boldsymbol{b}_1, \boldsymbol{b}_2, \ldots, \boldsymbol{b}_n\}$ から基底 $\{\boldsymbol{a}_1, \boldsymbol{a}_2, \ldots, \boldsymbol{a}_n\}$ への**変換行列**という．

基底変換

問題 7.8 . 次の問に答えよ．

(1) V を n 次元ベクトル空間とし，$\{\boldsymbol{a}_1, \boldsymbol{a}_2, \ldots, \boldsymbol{a}_n\}$ と $\{\boldsymbol{b}_1, \boldsymbol{b}_2, \ldots, \boldsymbol{b}_n\}$ は V の基底とする．このとき，

$$[\boldsymbol{a}_1, \boldsymbol{a}_2, \ldots, \boldsymbol{a}_n] = [\boldsymbol{b}_1, \boldsymbol{b}_2, \ldots, \boldsymbol{b}_n]P \tag{$*$}$$

を満たす n 次正方行列 P が存在することを示せ．

（注意）ここでは，正則性の証明は要求していない．

(2) V を n 次元ベクトル空間とし，$\forall \boldsymbol{x} \in V$ を 2 つの基底 $\{\boldsymbol{a}_1, \boldsymbol{a}_2, \ldots, \boldsymbol{a}_n\}$，$\{\boldsymbol{b}_1, \boldsymbol{b}_2, \ldots, \boldsymbol{b}_n\}$ を用いて $\boldsymbol{x} = \sum_{i=1}^{n} x_i \boldsymbol{a}_i = \sum_{i=1}^{n} x'_i \boldsymbol{b}_i$ と表す．このとき，$\begin{bmatrix} x'_1 \\ \vdots \\ x'_n \end{bmatrix} = P \begin{bmatrix} x_1 \\ \vdots \\ x_n \end{bmatrix}$ が成り立つことを示せ．

（解答）

(1) $\boldsymbol{b}_1, \boldsymbol{b}_2, \ldots, \boldsymbol{b}_n \in V$ は基底なので，$\boldsymbol{a}_1$, $\boldsymbol{a}_2$, …, $\boldsymbol{a}_n$ をこれらの一次結合で一意に表すことができる．つまり，

$$\begin{aligned} \boldsymbol{a}_1 &= P_{11}\boldsymbol{b}_1 + P_{21}\boldsymbol{b}_2 + \cdots + P_{n1}\boldsymbol{b}_n \\ \boldsymbol{a}_2 &= P_{12}\boldsymbol{b}_1 + P_{22}\boldsymbol{b}_2 + \cdots + P_{n2}\boldsymbol{b}_n \\ &\vdots \\ \boldsymbol{a}_n &= P_{1n}\boldsymbol{b}_1 + P_{2n}\boldsymbol{b}_2 + \cdots + P_{nn}\boldsymbol{b}_n \end{aligned}$$

が成り立つので，

$$[\boldsymbol{a}_1, \boldsymbol{a}_2, \ldots, \boldsymbol{a}_n] = [\boldsymbol{b}_1, \boldsymbol{b}_2, \ldots, \boldsymbol{b}_n] \begin{bmatrix} P_{11} & P_{12} & \cdots & P_{1n} \\ P_{21} & P_{22} & \cdots & P_{2n} \\ \cdots & \cdots & \cdots & \cdots \\ P_{n1} & P_{n2} & \cdots & P_{nn} \end{bmatrix}$$

となり，$P = [P_{ij}]$ とすると，(∗) を得る．

(2) (∗) より $\boldsymbol{x} = \sum_{i=1}^{n} \boldsymbol{x}_i \boldsymbol{a}_i = [\boldsymbol{a}_1, \ldots, \boldsymbol{a}_n] \begin{bmatrix} x_1 \\ \vdots \\ x_n \end{bmatrix} = [\boldsymbol{b}_1, \ldots, \boldsymbol{b}_n] P \begin{bmatrix} x_1 \\ \vdots \\ x_n \end{bmatrix}$

である．一方，$\boldsymbol{x} = \sum_{i=1}^{n} x'_i \boldsymbol{b}_i = [\boldsymbol{b}_1, \ldots, \boldsymbol{b}_n] \begin{bmatrix} x'_1 \\ \vdots \\ x'_n \end{bmatrix}$ なので，

$[\boldsymbol{b}_1, \ldots, \boldsymbol{b}_n] \begin{bmatrix} x'_1 \\ \vdots \\ x'_n \end{bmatrix} = [\boldsymbol{b}_1, \ldots, \boldsymbol{b}_n] P \begin{bmatrix} x_1 \\ \vdots \\ x_n \end{bmatrix}$ が成り立ち，$\boldsymbol{b}_1, \ldots, \boldsymbol{b}_n$ の一次独立性より $\begin{bmatrix} x'_1 \\ \vdots \\ x'_n \end{bmatrix} = P \begin{bmatrix} x_1 \\ \vdots \\ x_n \end{bmatrix}$ が成り立つ．

■

【評価基準・注意】==============================

- この問題は表記方法が重要なので，表記ミスがあれば減点．$[\boldsymbol{a}_1, \ldots, \boldsymbol{a}_n] \begin{bmatrix} x_1 \\ \vdots \\ x_n \end{bmatrix}$ が $[x_1, \ldots, x_n] \begin{bmatrix} \boldsymbol{a}_1 \\ \vdots \\ \boldsymbol{a}_n \end{bmatrix}$ となっていないか？ また，$\boldsymbol{x} = \sum_{i=1}^{n} x_i \boldsymbol{a}_i$ の「$\boldsymbol{x} =$」が落ちていないか？何の説明もなく「$\boldsymbol{a}_1 = P_1 \boldsymbol{b}_1, \ldots, \boldsymbol{a}_n = P_n \boldsymbol{b}_n$」としていないか？
- ベクトルとスカラーの区別はついているか？ $\boldsymbol{a}_i / \boldsymbol{b}_i$ というような誤った書き方はしていないか？
- (1) や (2) で「rank$A$=rank$B$」を主張しても意味がない．ランクを見ても，ベクトルの具体的な表現は分からない．表現は基底の数ではなく，基底そのものに依存することに注意せよ．
- (1) において証明すべき結果，$[\boldsymbol{a}_1, \boldsymbol{a}_2, \ldots, \boldsymbol{a}_n] = [\boldsymbol{b}_1, \boldsymbol{b}_2, \ldots, \boldsymbol{b}_n]P$ を使っているものは 0 点．

==

変換行列

問題 7.9． $\boldsymbol{a}_1 = \begin{bmatrix} 2 \\ -1 \end{bmatrix}$, $\boldsymbol{a}_2 = \begin{bmatrix} 1 \\ -1 \end{bmatrix}$, $\boldsymbol{b}_1 = \begin{bmatrix} 1 \\ -2 \end{bmatrix}$, $\boldsymbol{b}_2 = \begin{bmatrix} -1 \\ 3 \end{bmatrix}$ から成る $\mathbb{R}^2$ の基底 $\{\boldsymbol{a}_1, \boldsymbol{a}_2\}$ から基底 $\{\boldsymbol{b}_1, \boldsymbol{b}_2\}$ への基底の変換行列を求めよ．

（解答）

$\boldsymbol{b}_1 = \alpha \boldsymbol{a}_1 + \beta \boldsymbol{a}_2$ とすると $\alpha = -1, \beta = 3$，$\boldsymbol{b}_2 = \alpha \boldsymbol{a}_1 + \beta \boldsymbol{a}_2$ とすると $\alpha = 2, \beta = -5$ なので，$\boldsymbol{b}_1 = -\boldsymbol{a}_1 + 3\boldsymbol{a}_2$, $\boldsymbol{b}_2 = 2\boldsymbol{a}_1 - 5\boldsymbol{a}_2$ である．

よって，$[\boldsymbol{b}_1\ \boldsymbol{b}_2] = [\boldsymbol{a}_1\ \boldsymbol{a}_2] \begin{bmatrix} -1 & 2 \\ 3 & -5 \end{bmatrix}$ なので，求める変換行列 P は

$$P = \begin{bmatrix} -1 & 2 \\ 3 & -5 \end{bmatrix}$$ ■

【評価基準・注意】==================================

- $A = [\boldsymbol{a}_1\ \boldsymbol{a}_2]$, $B = [\boldsymbol{b}_1\ \boldsymbol{b}_2]$ とすると $B = AP$ となるので $P = A^{-1}B$ を計算してもよい.
- 変換行列の問題については第 8.3 節も参照せよ.

==

■■■ 演習問題 ■■■■■■■■■■■■■■■■■■■■■■■■■■■■■■■■

演習問題 7.13

高々2 次の実係数多項式全体

$$P_2(\mathbb{R}) = \{a + bx + cx^2 | a, b, c \in \mathbb{R}\}$$

について，$\boldsymbol{a}_1 = 1$, $\boldsymbol{a}_2 = x$, $\boldsymbol{a}_3 = x^2$, $\boldsymbol{b}_1 = 1$, $\boldsymbol{b}_2 = x - 1$, $\boldsymbol{b}_3 = (x-1)^2$ からなる基底 $\{\boldsymbol{a}_1, \boldsymbol{a}_2, \boldsymbol{a}_3\}$ から $\{\boldsymbol{b}_1, \boldsymbol{b}_2, \boldsymbol{b}_3\}$ への基底の変換行列を求めよ.

第 8 章

線形写像

Section 8.1

線形写像

線形写像

定義 8.1 . 2 つの K ベクトル空間 U と V の間の写像 $f: U \to V$ について，これが次の 2 つの条件を満たすとき，f を線形写像という.

(1) $f(\boldsymbol{a}+\boldsymbol{b}) = f(\boldsymbol{a}) + f(\boldsymbol{b}), \qquad \forall \boldsymbol{a}, \forall \boldsymbol{b} \in U$

(2) $f(c\boldsymbol{a}) = cf(\boldsymbol{a}), \qquad \forall \boldsymbol{a} \in U,\ \forall c \in K$

条件 (1)(2) はひとまとめにして次の条件としてもよい.

(3) 任意の有限個のベクトル $\boldsymbol{a}_1, \boldsymbol{a}_2, \ldots, \boldsymbol{a}_r \in U$ とスカラー $c_1, c_2, \ldots, c_r \in K (r \geq 2)$ について

$$f(c_1\boldsymbol{a}_1 + c_2\boldsymbol{a}_2 + \cdots + c_r\boldsymbol{a}_r) = c_1 f(\boldsymbol{a}_1) + c_2 f(\boldsymbol{a}_2) + \cdots + c_r f(\boldsymbol{a}_r)$$

(1)〜(3) を線形性の条件と呼ぶことも多い.

f が線形であることを示すには，(1) と (2) を示すか, (3) を示せばよい．なお，(3) を示す際には，$r \geq 2$ を満たす自然数ならば何でもいいので，$r = 2$ として示すのが最も簡単である.

線形変換

定義 8.2 . 線形写像 $f : U \to V$ において $U = V$ のとき，f を U 上の線形変換という．

線形写像の例

例 8.1 . (1) $\boldsymbol{a} \in \mathbb{R}^n$ を固定して，内積によって $f(\boldsymbol{x}) = (\boldsymbol{x}, \boldsymbol{a})$ と定義すると $f : \mathbb{R}^n \to \mathbb{R}$ は線形写像である．

(2) $\boldsymbol{a} \in \mathbb{R}^3$ を固定して，外積によって $g(\boldsymbol{x}) = \boldsymbol{x} \times \boldsymbol{a}$ と定義すると $g : \mathbb{R}^3 \to \mathbb{R}^3$ は線形写像である．

(3) 数ベクトル空間 K^n の $(n-1)$ 個のベクトル $\boldsymbol{a}_1, \boldsymbol{a}_2, \ldots, \boldsymbol{a}_{n-1}$ を固定して写像 $f : K^n \to K$ を $f(\boldsymbol{x}) = \det[\boldsymbol{x}, \boldsymbol{a}_1, \boldsymbol{a}_2, \ldots, \boldsymbol{a}_{n-1}]$ で定義すると，これは線形写像である．

(4) 数ベクトル空間 K^n から K^m への線形写像 f は，ある $m \times n$ 行列 A があって，$f(\boldsymbol{x}) = A\boldsymbol{x}$ と書けるものである．
今後，このように行列 A によって定義される数ベクトル空間の線形写像を f_A という記号で表すことにする．この f_A を行列 A によって定義される線形写像という．

線形写像の合成と行列の積

定理 8.1 . 線形写像 $f_A : K^m \to K^r$ と $f_B : K^n \to K^m$ がそれぞれ $r \times m$ 行列 A と $m \times n$ 行列 B によって定義されるとき，写像としての合成 $f_A \cdot f_B$ は $r \times n$ 行列 AB によって定義される．つまり，

$$f_A \cdot f_B = f_{AB}$$

である．

行列の積を定義 2.14 のように定義したおかげで定理 8.1 が成り立つことに注意せよ．

内積と外積の線形性

問題 8.1 . 次の問に答えよ.

(1) $\boldsymbol{a}$ を固定した $\mathbb{R}^3$ のベクトルとする. $\mathbb{R}^3$ の任意のベクトル $\boldsymbol{b}$ に対して, 外積 $\boldsymbol{a} \times \boldsymbol{b}$ を対応させる写像は, $\mathbb{R}^3$ から $\mathbb{R}^3$ への線形写像であることを示せ.

(2) $\boldsymbol{a} \in \mathbb{R}^n$ を固定して, 内積によって $f(\boldsymbol{x}) = (\boldsymbol{x}, \boldsymbol{a})$ と定義すると $f : \mathbb{R}^n \to \mathbb{R}$ は線形写像となることを示せ.

（解答）

(1) $f(\boldsymbol{b}) = \boldsymbol{a} \times \boldsymbol{b}$ とし, $\forall\alpha, \forall\beta \in \mathbb{R}, \forall\boldsymbol{x}, \forall\boldsymbol{y} \in \mathbb{R}^3$ とすると, 外積の性質より

$$f(\alpha\boldsymbol{x}+\beta\boldsymbol{y}) = \boldsymbol{a}\times(\alpha\boldsymbol{x}+\beta\boldsymbol{y}) = \alpha(\boldsymbol{a}\times\boldsymbol{x})+\beta(\boldsymbol{a}\times\boldsymbol{y}) = \alpha f(\boldsymbol{x})+\beta f(\boldsymbol{y})$$

なので, f は線形である.

(2) 任意の $\boldsymbol{x}, \boldsymbol{y} \in \mathbb{R}^n$ および $\alpha, \beta \in \mathbb{R}$ に対して, 内積の性質より,

$$f(\alpha\boldsymbol{x} + \beta\boldsymbol{y}) = (\alpha\boldsymbol{x} + \beta\boldsymbol{y}, \boldsymbol{a}) = \alpha(\boldsymbol{x}, \boldsymbol{a}) + \beta(\boldsymbol{y}, \boldsymbol{a}) = \alpha f(\boldsymbol{x}) + \beta f(\boldsymbol{y})$$

となるので, f は線形写像である.

■

【評価基準・注意】＝＝＝＝＝＝＝＝＝＝＝＝＝＝＝＝＝＝＝＝＝＝＝＝＝＝＝＝＝

- スカラー倍と和を別々に示してもよい.
- いきなり「$f(\alpha\boldsymbol{x} + \beta\boldsymbol{y}) = \alpha f(\boldsymbol{x}) + \beta f(\boldsymbol{y})$ が成り立つから,.,.」,「外積の性質より線形写像」,「内積の性質より線形写像」などと書いているものは, 0点. 理解できているかどうか判断できない. どうして成り立つのかを明確に書かなければならない. 答案は採点者に見せるものであることを意識せよ.
- 内積や外積の定義だけを書いても意味がない.
- $\boldsymbol{x}$ や α がどこに属しているかを明記し忘れないようにせよ.

- 内積と外積を混同しないこと．外積は 3 次元ベクトルのみに存在する．
- (2) において，内積を $(\alpha\boldsymbol{x}+\beta\boldsymbol{y},\boldsymbol{a})$ とすべきところを $(\alpha\boldsymbol{x}+\beta\boldsymbol{y})\boldsymbol{a}$ としないこと．
- (2) において，「$(\boldsymbol{a},\boldsymbol{b})=\sum_{i=1}^{n}a_ib_i$ だから線形写像」としないこと．これは，実ベクトルの内積の定義を書いただけである．

==

線形写像

問題 8.2． $f:\mathbb{R}^3\to\mathbb{R}^2$ を $f\left(\begin{bmatrix}x\\y\\z\end{bmatrix}\right)=\begin{bmatrix}x\\y\end{bmatrix}$ と定義する．このとき，f が線形写像かどうか判定せよ．

（解答）

$\mathbb{R}^3$ の任意のベクトル $\boldsymbol{a}=\begin{bmatrix}a_1\\a_2\\a_3\end{bmatrix}$, $\boldsymbol{b}=\begin{bmatrix}b_1\\b_2\\b_3\end{bmatrix}$ および $x\in\mathbb{R}$ に対して

$$f(\boldsymbol{a}+\boldsymbol{b})=\begin{bmatrix}a_1+b_1\\a_2+b_2\end{bmatrix}=\begin{bmatrix}a_1\\a_2\end{bmatrix}+\begin{bmatrix}b_1\\b_2\end{bmatrix}=f(\boldsymbol{a})+f(\boldsymbol{b})$$

$$f(x\boldsymbol{a})=\begin{bmatrix}xa_1\\xa_2\end{bmatrix}=x\begin{bmatrix}a_1\\a_2\end{bmatrix}=xf(\boldsymbol{a})$$

なので，f は線形写像である． ■

【評価基準・注意】 ==============================

- $\mathbb{R}^2$ の任意のベクトルを考えているものは 0 点．
- $f(x\boldsymbol{a}+y\boldsymbol{b})=xf(\boldsymbol{a})+yf(\boldsymbol{b})$ を示してもよいが，途中経過を書かずにいきなり「$f(x\boldsymbol{a}+y\boldsymbol{b})=xf(\boldsymbol{a})+yf(\boldsymbol{b})$ が成り立つ」と書いているものは 0 点．理解できているか判定できない．

==

演習問題

演習問題 8.1

$\mathbb{R}^3 \to \mathbb{R}^2$ への写像 $f\left(\begin{bmatrix} x_1 \\ x_2 \\ x_3 \end{bmatrix}\right) = \begin{bmatrix} x_1 + x_2 \\ x_2 + x_3 \end{bmatrix}$ が線形写像であることを示せ.

演習問題 8.2

高々n 次の多項式で表される実変数関数全体の作るベクトル空間 $P_n(\mathbb{R})$ において,

$$D : P_n(\mathbb{R}) \ni f \longmapsto f' \in P_n(\mathbb{R})$$

と定義される D は線形写像になるか？ 理由を述べて答えよ．ただし，$f(x) = a_0 + a_1x + a_2x^2 + \cdots + a_nx^n$ に対して $f'(x) = a_1 + 2a_2x + \cdots + na_nx^{n-1}$ である.

演習問題 8.3

任意の平面ベクトル $\boldsymbol{a} = \begin{bmatrix} a \\ b \end{bmatrix}$ に対して $r_\theta(\boldsymbol{a}) = \begin{bmatrix} \cos\theta & -\sin\theta \\ \sin\theta & \cos\theta \end{bmatrix} \begin{bmatrix} a \\ b \end{bmatrix}$ で定義される r_θ は線形写像であることを示せ.

Section 8.2
線形写像の行列表現

線形写像と行列

定理 8.2 . U を n 次元 K ベクトル空間，V を m 次元 K ベクトル空間とし，$\{\boldsymbol{a}_1, \boldsymbol{a}_2, \ldots, \boldsymbol{a}_n\}$ を U の基底，$\{\boldsymbol{b}_1, \boldsymbol{b}_2, \ldots, \boldsymbol{b}_m\}$ を V の基底とする．このとき，線形写像 $f : U \to V$ はある $m \times n$ 行列 $A = [a_{ij}]$ を用いて表すことができる．ここで，$A = [a_{ij}]$ は

$$f(\boldsymbol{a}_j) = \sum_{i=1}^{m} a_{ij}\boldsymbol{b}_i \qquad (j = 1, 2, \ldots, n) \tag{8.1}$$

で定まるものである．
なお，(8.1) は行列の積の定義より

$$[f(\boldsymbol{a}_1), f(\boldsymbol{a}_2), \ldots, f(\boldsymbol{a}_n)] = [\boldsymbol{b}_1, \boldsymbol{b}_2, \ldots, \boldsymbol{b}_m]A \tag{8.2}$$

と書ける．

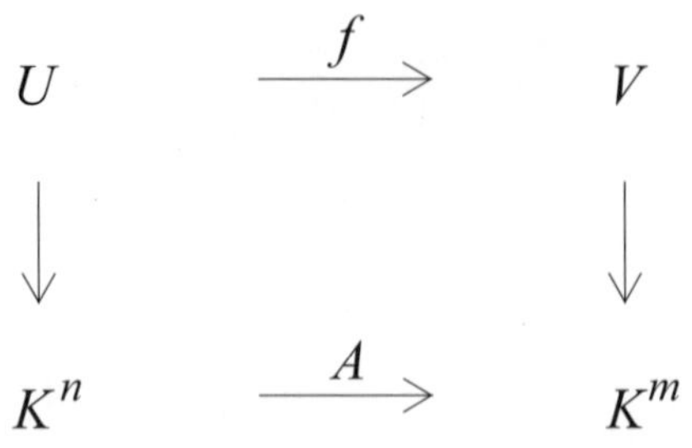

行列表現

定義 8.3． 線形写像 $f : U \to V$ と U, V の固定した基底に対して定理 8.2 で得られる $m \times n$ 行列 A を線形写像 f のこの基底に関する**行列表現**という．

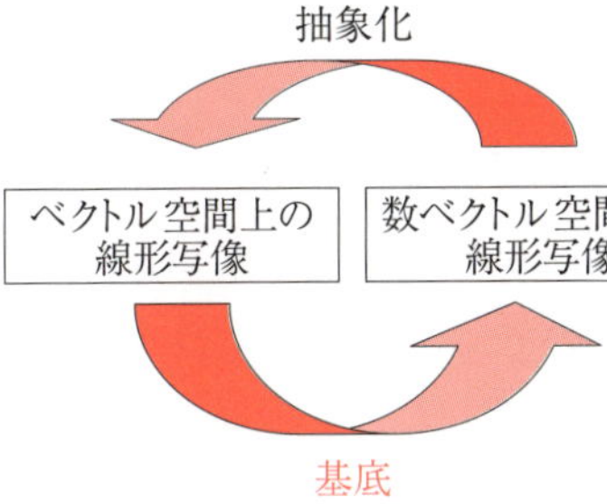

行列表現

問題 8.3． $\mathbb{R}^3$ から $\mathbb{R}^3$ への写像

$$f : \begin{bmatrix} x_1 \\ x_2 \\ x_3 \end{bmatrix} \mapsto \begin{bmatrix} x_1 + x_2 \\ x_2 \\ x_1 - x_2 \end{bmatrix}$$

を考える．このとき，次の問に答えよ．

(1) f が線形写像であることを示せ．

(2) $\mathbb{R}^3$ の基底として標準基底を選ぶとき，f の行列表現を求めよ．

（解答）

ここではベクトルを横に書くことにする．

(1) $\forall \boldsymbol{x}, \forall \boldsymbol{y} \in \mathbb{R}^3$ および $\forall \alpha, \forall \beta \in \mathbb{R}$ に対して $\boldsymbol{x} = [x_1, x_2, x_3]$,

$\boldsymbol{y} = [y_1, y_2, y_3]$ とすると，

$$\begin{aligned} &f(\alpha\boldsymbol{x} + \beta\boldsymbol{y}) \\ &\quad = [\alpha(x_1 + x_2) + \beta(y_1 + y_2), \alpha x_2 + \beta y_2, \alpha(x_1 - x_2) + \beta(y_1 - y_2)] \\ &\quad = \alpha[x_1 + x_2, x_2, x_1 - x_2] + \beta[y_1 + y_2, y_2, y_1 - y_2] \\ &\quad = \alpha f(\boldsymbol{x}) + \beta f(\boldsymbol{y}) \end{aligned}$$

なので，f は線形写像である．

(2) $f(\boldsymbol{e}_1) = [1, 0, 1] = \boldsymbol{e}_1 + \boldsymbol{e}_3$, $f(\boldsymbol{e}_2) = [1, 1, -1] = \boldsymbol{e}_1 + \boldsymbol{e}_2 - \boldsymbol{e}_3$, $f(\boldsymbol{e}_3) = [0, 0, 0]$, なので，

$$[f(\boldsymbol{e}_1), f(\boldsymbol{e}_2), f(\boldsymbol{e}_3)] = [\boldsymbol{e}_1, \boldsymbol{e}_2, \boldsymbol{e}_3] \begin{bmatrix} 1 & 1 & 0 \\ 0 & 1 & 0 \\ 1 & -1 & 0 \end{bmatrix}$$

なので，行列表現は $\begin{bmatrix} 1 & 1 & 0 \\ 0 & 1 & 0 \\ 1 & -1 & 0 \end{bmatrix}$ である．

■

【評価基準・注意】==============================

- (1) は，説明も計算もなくいきなり「$f(\alpha\boldsymbol{x} + \beta\boldsymbol{y}) = \alpha f(\boldsymbol{x}) + \beta f(\boldsymbol{y})$ が成り立つので線形写像である」などと書いていたら 0 点.

======================================

■■■ 演習問題 ■■■■■■■■■■■■■■■■■■■■■■

演習問題 8.4

$\mathbb{R}^4$ から $\mathbb{R}^3$ への写像

$$f : \begin{bmatrix} x_1 \\ x_2 \\ x_3 \\ x_4 \end{bmatrix} \mapsto \begin{bmatrix} x_2 \\ x_3 \\ -x_1 \end{bmatrix}$$

を考える．このとき，次の問に答えよ．

(1) f が線形写像であることを示せ．

(2) $\mathbb{R}^4, \mathbb{R}^3$ ともに基底として標準基底を選ぶとき，f の行列表現を求めよ．

演習問題 8.5
高々2 次の実係数多項式で表される実変数実数値関数の全体

$$P_2(\mathbb{R}) = \{a + bx + cx^2 | a, b, c \in \mathbb{R}\}$$

において関数 $f \in P_2(\mathbb{R})$ をその導関数 f' に対応させる写像 $\dfrac{d}{dx} : P_2(\mathbb{R}) \to P_2(\mathbb{R})$ を考えると微分の線形性より $\dfrac{d}{dx}$ は線形写像である．このとき，$P_2(\mathbb{R})$ の基底として $\{1, x, x^2\}$ を選ぶとき，線形写像 $\dfrac{d}{dx}$ の行列表現を求めよ．

Section 8.3
基底変換と行列表現

基底変換

定理 8.3 . n 次元 K ベクトル空間 U，m 次元 K ベクトル空間 V を考え，線形写像 $f : U \to V$ のある基底による行列表現を A とする．このとき，これらの基底をそれぞれ P, Q という変換行列をもつ他の基底で取り換えた場合，この線形写像 f の新しい基底に関する行列表現 A' は

$$A' = Q^{-1}AP$$

となる．

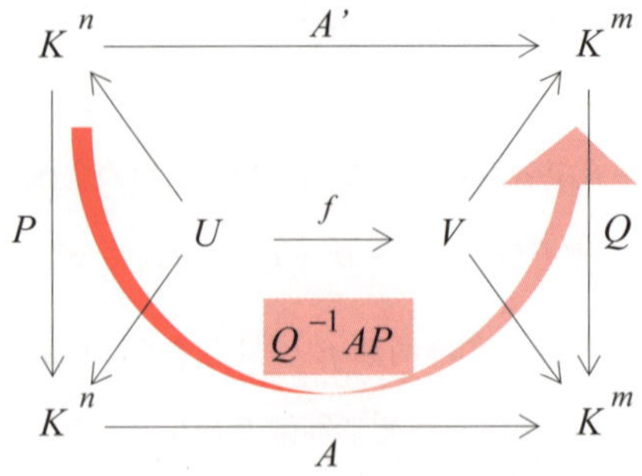

基底変換

問題 8.4 . $\mathbb{R}^3$ から $\mathbb{R}^2$ への線形写像 f の標準基底に関する行列表現を $A = \begin{bmatrix} 1 & 0 & 2 \\ 3 & -1 & 1 \end{bmatrix}$ とする.

(1) $\mathbb{R}^3$ の基底として $\boldsymbol{a}_1 = \begin{bmatrix} 1 \\ -1 \\ 0 \end{bmatrix}, \boldsymbol{a}_2 = \begin{bmatrix} 0 \\ 1 \\ -1 \end{bmatrix}, \boldsymbol{a}_3 = \begin{bmatrix} -2 \\ -5 \\ 1 \end{bmatrix}$ をとるとき，標準基底 $\{\boldsymbol{e}_1,\boldsymbol{e}_2,\boldsymbol{e}_3\}$ から $\{\boldsymbol{a}_1,\boldsymbol{a}_2,\boldsymbol{a}_3\}$ への変換行列 P を求めよ.

(2) $\mathbb{R}^2$ の基底として $\boldsymbol{b}_1 = \begin{bmatrix} 1 \\ 4 \end{bmatrix}, \boldsymbol{b}_2 = \begin{bmatrix} -2 \\ -2 \end{bmatrix}$ をとるとき，標準基底 $\{\boldsymbol{e}_1,\boldsymbol{e}_2\}$ から $\{\boldsymbol{b}_1,\boldsymbol{b}_2\}$ への変換行列 Q を求めよ.

(3) 標準基底を (1)(2) で求めた P,Q で変換したとき，f の新しい基底（つまり，$\{\boldsymbol{a}_1,\boldsymbol{a}_2, \boldsymbol{a}_3, \boldsymbol{b}_1, \boldsymbol{b}_2\}$）に関する行列表現 B を求めよ.

（解答）

(1) $\boldsymbol{a}_1 = \boldsymbol{e}_1 - \boldsymbol{e}_2$, $\boldsymbol{a}_2 = \boldsymbol{e}_2 - \boldsymbol{e}_3$, $\boldsymbol{a}_3 = -2\boldsymbol{e}_1 - 5\boldsymbol{e}_2 + \boldsymbol{e}_3$ なので，

$$[\boldsymbol{a}_1, \boldsymbol{a}_2, \boldsymbol{a}_3] = [\boldsymbol{e}_1, \boldsymbol{e}_2, \boldsymbol{e}_3] \begin{bmatrix} 1 & 0 & -2 \\ -1 & 1 & -5 \\ 0 & -1 & 1 \end{bmatrix}$$ である．よって，

$$P = \begin{bmatrix} 1 & 0 & -2 \\ -1 & 1 & -5 \\ 0 & -1 & 1 \end{bmatrix}$$

(2) $\boldsymbol{b}_1 = \boldsymbol{e}_1 + 4\boldsymbol{e}_2$, $\boldsymbol{b}_2 = -2\boldsymbol{e}_1 - 2\boldsymbol{e}_2$ より $[\boldsymbol{b}_1, \boldsymbol{b}_2] = [\boldsymbol{e}_1, \boldsymbol{e}_2] \begin{bmatrix} 1 & -2 \\ 4 & -2 \end{bmatrix}$

である．よって，$Q = \begin{bmatrix} 1 & -2 \\ 4 & -2 \end{bmatrix}$

(3) $$B = Q^{-1}AP = \frac{1}{6} \begin{bmatrix} -2 & 2 \\ -4 & 1 \end{bmatrix} \begin{bmatrix} 1 & 0 & 2 \\ 3 & -1 & 1 \end{bmatrix} \begin{bmatrix} 1 & 0 & -2 \\ -1 & 1 & -5 \\ 0 & -1 & 1 \end{bmatrix} =$$

$$\begin{bmatrix} 1 & 0 & 0 \\ 0 & 1 & 0 \end{bmatrix}$$

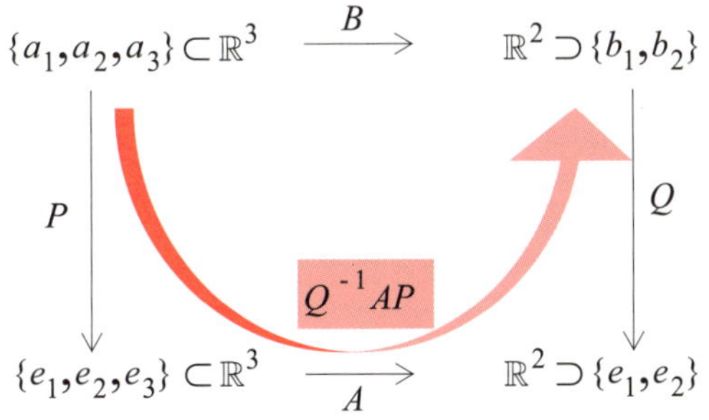

■

■■■ 演習問題 ■■■■■■■■■■■■■■■■■■■■■■■

演習問題 8.6

次の問に答えよ．

(1) $\mathbb{R}^2$ の基底として $\boldsymbol{a}_1 = \begin{bmatrix} 1 \\ 1 \end{bmatrix}$, $\boldsymbol{a}_2 = \begin{bmatrix} 2 \\ 1 \end{bmatrix}$ をとるとき，標準基底 $\boldsymbol{e}_1 = \begin{bmatrix} 1 \\ 0 \end{bmatrix}$, $\boldsymbol{e}_2 = \begin{bmatrix} 0 \\ 1 \end{bmatrix}$ から $\{\boldsymbol{a}_1, \boldsymbol{a}_2\}$ への変換行列 P を求めよ．

(2) $\mathbb{R}^2$ 上の線形変換 f の標準基底に関する行列表現が $A = \begin{bmatrix} 3 & -2 \\ 1 & 0 \end{bmatrix}$ で与えられているとする．標準基底を (1) で求めた P で変換したとき，f の新しい基底 $\{\boldsymbol{a}_1, \boldsymbol{a}_2\}$ に関する行列表現 B を求めよ．

(3) $\mathbb{R}^2$ の基底として $\boldsymbol{b}_1 = \begin{bmatrix} 1 \\ 1 \end{bmatrix}$, $\boldsymbol{b}_2 = \begin{bmatrix} -1 \\ 1 \end{bmatrix}$ をとるとき，標準基底 $\{\boldsymbol{e}_1, \boldsymbol{e}_2\}$ から $\{\boldsymbol{b}_1, \boldsymbol{b}_2\}$ への変換行列 Q を求めよ．

(4) 標準基底を P と Q で変換したとき，f の新しい基底 $\{\boldsymbol{a}_1, \boldsymbol{a}_2, \boldsymbol{b}_1, \boldsymbol{b}_2\}$ に関する行列表現 B' を求めよ．

Section 8.4
線形写像の像と核

この節では U, V は K ベクトル空間とする．

像と核

定義 8.4． 線形写像 $f : U \to V$ に対し，集合として次を定義する．

(1) f の**像**：$\mathrm{Im}(f) = \{f(\boldsymbol{x}) \in V | \boldsymbol{x} \in U\}$

(2) f の**核**：$\mathrm{Ker}(f) = \{\boldsymbol{x} \in U | f(\boldsymbol{x}) = \boldsymbol{0}\}$

像と核の部分空間性

定理 8.4． 線形写像 $f : U \to V$ について，次が成り立つ．

(1) $\mathrm{Ker}(f)$ は U の部分空間である．

(2) $\mathrm{Im}(f)$ は V の部分空間である．

像・核と全単射

定理 8.5 . 線形写像 $f : U \to V$ について

(1) f が全射 $\overset{\text{iff}}{\Longleftrightarrow} \mathrm{Im}(f) = V$

(2) f が単射 $\overset{\text{iff}}{\Longleftrightarrow} \mathrm{Ker}(f) = \{\mathbf{0}\}$

像と生成された部分空間

定理 8.6 . $m \times n$ 行列 A が m 次元数ベクトル n 個を横に並べた形で $A = [\boldsymbol{a}_1, \boldsymbol{a}_2, \ldots, \boldsymbol{a}_n]$ と書かれるとき

$$\mathrm{Im}(f_A) = L(\boldsymbol{a}_1, \boldsymbol{a}_2, \ldots, \boldsymbol{a}_n)$$

である.

次元公式

定理 8.7 . 線形写像 $f : U \to V$ について次の等式が成り立つ.

$$\dim_K \mathrm{Ker}(f) + \dim_K \mathrm{Im}(f) = \dim_K U \tag{8.3}$$

像と核

問題 8.5 . 線形写像 $f_A : \mathbb{R}^4 \to \mathbb{R}^3$ が 3×4 行列

$$A = \begin{bmatrix} 0 & 0 & 1 & 1 \\ 1 & 0 & 0 & 1 \\ 1 & 0 & -1 & 0 \end{bmatrix}$$

によって定義されるとき，$\mathrm{Ker}(f_A)$ と $\mathrm{Im}(f_A)$ を求め，さらに，それらの次元を求めよ．ただし，$\mathrm{Ker}(f_A)$ と $\mathrm{Im}(f_A)$ を求める際には，必ずそれらの基底のみを明示すること.

（解答）

$A=[\boldsymbol{a}_1,\boldsymbol{a}_2,\boldsymbol{a}_3,\boldsymbol{a}_4]$ とする．

$$A \to \begin{bmatrix} 1 & 0 & 0 & 1 \\ 1 & 0 & -1 & 0 \\ 0 & 0 & 1 & 1 \end{bmatrix} \to \begin{bmatrix} 1 & 0 & 0 & 1 \\ 1 & 0 & -1 & -1 \\ 0 & 0 & 1 & 1 \end{bmatrix} \to \begin{bmatrix} 1 & 0 & 0 & 1 \\ 0 & 0 & 1 & 1 \\ 0 & 0 & 0 & 0 \end{bmatrix}$$

なので，$\mathrm{rank}(A)=2$ である．よって，$\boldsymbol{a}_1 \sim \boldsymbol{a}_4$ のうち 2 つのベクトルが一次独立であることが分かる．そこで，$B=[\boldsymbol{a}_1,\boldsymbol{a}_4]=\begin{bmatrix} 0 & 1 \\ 1 & 1 \\ 1 & 0 \end{bmatrix}$ とすると，

$$B \to \begin{bmatrix} 1 & 0 \\ 1 & 1 \\ 0 & 1 \end{bmatrix} \to \begin{bmatrix} 1 & 0 \\ 0 & 1 \\ 0 & 1 \end{bmatrix} \to \begin{bmatrix} 1 & 0 \\ 0 & 1 \\ 0 & 0 \end{bmatrix}$$

より，$\mathrm{rank}(B)=2$ なので $\boldsymbol{a}_1$ と $\boldsymbol{a}_4$ は一次独立である．よって，

$$\mathrm{Im}(f_A)=L(\boldsymbol{a}_1,\boldsymbol{a}_4)=L\left(\begin{bmatrix} 1 \\ 1 \\ 0 \end{bmatrix}, \begin{bmatrix} 0 \\ 1 \\ 1 \end{bmatrix}\right)$$

であり，$\dim \mathrm{Im}(f_A)=2$ である．

一方，$\boldsymbol{x}=\begin{bmatrix} x_1 \\ x_2 \\ x_3 \\ x_4 \end{bmatrix} \in \mathrm{Ker}(f_A)$ とすると $A\boldsymbol{x}=\boldsymbol{0}$ なので，掃き出し法を利用すると

$$[A|\boldsymbol{0}]=\left[\begin{array}{cccc|c} 0 & 0 & 1 & 1 & 0 \\ 1 & 0 & 0 & 1 & 0 \\ 1 & 0 & -1 & 0 & 0 \end{array}\right] \to \left[\begin{array}{cccc|c} 1 & 0 & 0 & 1 & 0 \\ 0 & 0 & 1 & 1 & 0 \\ 0 & 0 & 0 & 0 & 0 \end{array}\right]$$

を得る．これより，$\begin{cases} x_1 & = -x_4 \\ x_3 & = -x_4 \end{cases}$, x_2 と x_4 は任意，となる．そこで，$x_2 = s,\ x_4 = t$ とすると，

$$\begin{bmatrix} x_1 \\ x_2 \\ x_3 \\ x_4 \end{bmatrix} = \begin{bmatrix} -t \\ s \\ -t \\ t \end{bmatrix} = s \begin{bmatrix} 0 \\ 1 \\ 0 \\ 0 \end{bmatrix} + t \begin{bmatrix} -1 \\ 0 \\ -1 \\ 1 \end{bmatrix}$$

である．よって，

$$\mathrm{Ker}(f_A) = L\left(\begin{bmatrix} 0 \\ 1 \\ 0 \\ 0 \end{bmatrix}, \begin{bmatrix} -1 \\ 0 \\ -1 \\ 1 \end{bmatrix} \right)$$

であり，$\dim \mathrm{Ker}(f_A) = 2$ である． ■

【評価基準・注意】==============================

- 考え方が間違えていれば 0 点．例えば，「$\mathrm{rank} A = 2$ なので $\dim \mathrm{Ker} A = 2$ である」としているものが対象．
- 表記ミスはないか？ $\mathrm{Im}(f_A) = 2$ や $\mathrm{Ker}(f_A) = 2$ などとしていないか？
- 必要な基底のみを示していないものは 0 点．
  例えば，$\mathrm{Im}(f_A) = L\left(\begin{bmatrix} 0 \\ 1 \\ 1 \end{bmatrix}, \begin{bmatrix} 0 \\ 0 \\ 0 \end{bmatrix}, \begin{bmatrix} 1 \\ 0 \\ -1 \end{bmatrix}, \begin{bmatrix} 1 \\ 1 \\ 0 \end{bmatrix} \right)$ としているものが対象．
- $\begin{cases} x_1 & = -x_4 \\ x_3 & = -x_4 \end{cases}$ は $x_2 = 0$ を意味していないことに注意せよ．

==============================

像とランク

問題 8.6 . $A = \begin{bmatrix} a_{11} & a_{12} & \cdots & a_{1n} \\ a_{21} & a_{22} & \cdots & a_{2n} \\ \vdots & \cdots & \cdots & \vdots \\ a_{m1} & a_{m2} & \cdots & a_{mn} \end{bmatrix}$ とするとき，$\dim \mathrm{Im}(A) = \mathrm{rank}(A)$ が成り立つことを示せ.

（解答）

同次連立一次方程式

$$\begin{aligned} &a_{11}x_1 + a_{12}x_2 + \cdots + a_{1n}x_n = 0 \\ &a_{21}x_1 + a_{22}x_2 + \cdots + a_{2n}x_n = 0 \\ &\vdots \\ &a_{m1}x_1 + a_{m2}x_2 + \cdots + a_{mn}x_n = 0 \end{aligned} \tag{8.4}$$

を考える.

$A : \mathbb{R}^n \to \mathbb{R}^m$ であり，$\mathrm{rank}(A) = \mathrm{rank}(A|\mathbf{0})$ より，連立一次方程式 $A\boldsymbol{x} = \mathbf{0}$ は必ず解を持つ (実際，$\boldsymbol{x} = \mathbf{0}$ は $A\boldsymbol{x} = \mathbf{0}$ の解).

ランクの性質より，$r = \mathrm{rank}(A)$ とすると $[A|\mathbf{0}]$ は次のような形になる.

$$\left[\begin{array}{ccc|ccc|c} 1 & & & c_{1,r+1} & \cdots & c_{1n} & 0 \\ & \ddots & & \vdots & \ddots & \vdots & \vdots \\ & & 1 & c_{r,r+1} & \cdots & c_{rn} & 0 \\ \hline & O & & & O & & \mathbf{0} \end{array}\right]$$

このとき，解は，

$$\begin{cases} x_1 & = -c_{1,r+1}x_{r+1} - \cdots c_{1n}x_n \\ x_2 & = -c_{2,r+1}x_{r+1} - \cdots c_{2n}x_n \\ & \vdots \\ x_r & = -c_{r,r+1}x_{r+1} - \cdots c_{rn}x_n \\ & x_{r+1}, \ldots, x_n \text{は不定} \end{cases}$$

となる．ここで，x_{r+1}, x_{r+2}, ..., x_n は勝手に決めることができるので，これは

$$\dim \mathrm{Ker} A = n - r \tag{8.5}$$

であることを意味する．一方，次元公式より，

$$\dim \mathrm{Ker}(A) = \dim \mathbb{R}^n - \dim \mathrm{Im}(A) = n - \dim \mathrm{Im}(A) \tag{8.6}$$

が成り立つ．よって，(8.5) と (8.6) より

$$\dim \mathrm{Im}(A) = \mathrm{rank}(A)$$

が成り立つ． ■

【評価基準・注意】==============================

- $\mathrm{Ker} A = \{\mathbf{0}\}$ と次元公式からは $n = \dim \mathbb{R}^n = \dim \mathrm{Im}(A)$ しか分からない．
- 「$\dim A = n$」といった記号ミスをしていないか？ この表記では行列の次元を考えていることになる．次元は空間に対して考えるもの．
- $A\boldsymbol{x} = \mathbf{0}$ の解は $\boldsymbol{x} = \mathbf{0}$ 以外にも存在することに注意せよ．ちなみに，「$A\boldsymbol{x} = \mathbf{0} \Longrightarrow \boldsymbol{x} = \mathbf{0}$」のときは，$\mathrm{Ker}(A) = \{\mathbf{0}\}$ がいえる．これより，$\dim \mathrm{Im}(A) = n$ が分かる．
- 示すべき結果，「$\dim \mathrm{Im}(A) = \mathrm{rank}(A)$」を使ってはいけない．

==

■■■ 演習問題 ■■■■■■■■■■■■■■■■■■■■■■■■■■■■

演習問題 8.7

線形写像 $f : V \to W$ について以下を示せ．

(1) f が単射であるための必要十分条件は $\mathrm{Ker}(f) = \{\mathbf{0}\}$ となることである．
(2) f が単射であるための必要十分条件は $\mathrm{dimIm}(f)$ $=\mathrm{dim}V$ となることである．

演習問題 8.8
線形写像 $f : \mathbb{R}^n \to \mathbb{R}^m$ は単射とする．このとき，$\boldsymbol{x}_1, \boldsymbol{x}_2, \ldots, \boldsymbol{x}_k \in \mathbb{R}^n$ $(1 \leq k \leq n)$ が一次独立ならば，$f(\boldsymbol{x}_1), f(\boldsymbol{x}_2), \ldots, f(\boldsymbol{x}_k)$ も一次独立であることを示せ．

演習問題 8.9
線形写像 $f_A : \mathbb{R}^3 \to \mathbb{R}^4$ が 4×3 行列

$$A = \begin{bmatrix} 1 & 1 & 2 \\ 1 & -1 & 1 \\ 2 & 1 & 3 \\ 1 & -1 & 0 \end{bmatrix} = [\boldsymbol{a}_1, \boldsymbol{a}_2, \boldsymbol{a}_3]$$

によって定義されるとき，$\mathrm{Ker}(f_A)$ と $\mathrm{Im}(f_A)$ を求め，さらにそれらの次元を求めよ．

Section 8.5
ベクトル空間の同型

同型

定義 8.5． K ベクトル空間 U, V について U から V への全単射の線形写像 $f : U \to V$ が存在するとき，U と V は**同型**であるといい，

$$U \cong V$$

と表す．また，f を**同型写像**という．

同型の性質

定理 8.8． ベクトル空間の間の同型写像は，一次独立，一次従属，基底といった性質を保つ．

同型と次元

定理 8.9 . ベクトル空間 V, W において，V と W が同型であるための必要十分条件は

$$\dim V = \dim W$$

となることである.

数ベクトル空間と同型

定理 8.10 . 任意の n 次元 K ベクトル空間は K^n と同型である.

線形変換と同型

系 8.1 . n 次正方行列 A によって与えられる K^n 上の線形変換が同型写像であるための必要十分条件は A が正則行列であることである.

多項式と同型写像

問題 8.7 . $f : \mathbb{R}^{n+1} \to P_n(\mathbb{R})$ を $f\left(\begin{bmatrix} a_0 \\ a_1 \\ \vdots \\ a_n \end{bmatrix}\right) = a_0 + a_1x + a_2x^2 + \cdots + a_nx^n$ と定義すれば f は $\mathbb{R}^{n+1}$ と $P_n(\mathbb{R})$ の間の同型写像であることを示せ.

（解答）

$f(\boldsymbol{a}) = a_0 + a_1x + \cdots + a_nx^n$, $f(\boldsymbol{b}) = b_0 + b_1x + \cdots + b_nx^n$ とし，
$f(\boldsymbol{a}) = f(\boldsymbol{b})$ とすると

$$(a_0 - b_0) + (a_1 - b_1)x + \cdots + (a_n - b_n)x^n = 0$$

である．これがすべての x について成り立つには

$$a_0 = b_0, \quad a_1 = b_1, \quad \cdots, \quad a_n = b_n$$

でなければならない．これは，$\boldsymbol{a} = \boldsymbol{b}$ を意味するので f は単射である．
また，$\forall \boldsymbol{y} \in P_n(\mathbb{R})$ は $y_0, y_1, \ldots, y_n \in \mathbb{R}$ を用いて

$$\boldsymbol{y} = y_0 + y_1 x + y_x x^2 + \cdots + y_n x^n$$

と表すことができ，これは，$\boldsymbol{y} = f\left(\begin{bmatrix} y_0 \\ y_1 \\ \vdots \\ y_n \end{bmatrix}\right)$ を満たす $\begin{bmatrix} y_0 \\ y_1 \\ \vdots \\ y_n \end{bmatrix} \in \mathbb{R}^{n+1}$ が存在することを意味するので f は全射である．よって，f は同型写像である．

■

同型写像

問題 8.8． 次の線形写像 f が同型であるかどうか判定せよ．

$$f\left(\begin{bmatrix} x_1 \\ x_2 \\ x_3 \\ x_4 \end{bmatrix}\right) = \begin{bmatrix} 3x_1 + 7x_2 + x_4 \\ 2x_1 + 5x_2 + x_3 \\ 7x_3 + 5x_4 \\ 4x_3 + 3x_4 \end{bmatrix}$$

（解答）
$A = \begin{bmatrix} 3 & 7 & 0 & 1 \\ 2 & 5 & 1 & 0 \\ 0 & 0 & 7 & 5 \\ 0 & 0 & 4 & 3 \end{bmatrix}$ として，第 1 列について余因子展開を行うと，

$$\det A = 3 \cdot (-1)^{1+1} \begin{vmatrix} 5 & 1 & 0 \\ 0 & 7 & 5 \\ 0 & 4 & 3 \end{vmatrix} + 2 \cdot (-1)^{2+1} \begin{vmatrix} 7 & 0 & 1 \\ 0 & 7 & 5 \\ 0 & 4 & 3 \end{vmatrix} =$$

$$3 \cdot 5 \begin{vmatrix} 7 & 5 \\ 4 & 3 \end{vmatrix} - 2 \cdot 7 \begin{vmatrix} 7 & 5 \\ 4 & 3 \end{vmatrix} = 15(21-20) - 14(21-20) = 1 \neq 0$$

なので，A は正則である．よって，系 8.1 より f は同型写像である． ■

【評価基準・注意】==============================

- 行列を表記するのに $\begin{vmatrix} a & b \\ c & d \end{vmatrix}$ としていたり，逆に行列式を表すのに $\begin{pmatrix} a & b \\ c & d \end{pmatrix}$ や $\begin{bmatrix} a & b \\ c & d \end{bmatrix}$ などと，行列式の記号と行列の記号とを混同したような書き方をしているものは減点する.
- 理由がないものは 0 点.
- rank$A$ を計算してもよい．この場合,「rank$A = 4$ だから」と明確にランクの値を示すこと.

==============================

■■■ 演習問題 ■■■■■■■■■■■■■■■■■■■■■■■■■■

演習問題 8.10

次式で定義される線形写像 f が同型であるかどうか判定せよ.

$$f\left(\begin{bmatrix} x \\ y \\ z \end{bmatrix}\right) = \begin{bmatrix} x+z \\ y+z \\ -x+y \end{bmatrix}$$

Section 8.6
線形写像と行列のランク

線形写像のランク

定義 8.6 . 線形写像 $f: U \to V$ に対して，$\mathrm{Im}(f)$ の次元を f のランクまたは階数といって $\mathrm{rank}(f)$ と表す．また，$m \times n$ 行列 A については，それが与える線形写像 $f_A: K^n \to K^m$ のランクのことを A のランクといって，その値を $\mathrm{rank}(A)$ と書く.

行列 A を $A = [\boldsymbol{a}_1, \boldsymbol{a}_2, \ldots, \boldsymbol{a}_n]$ と書き表しておくと，定理 8.6 によれば，$\mathrm{Im}(f_A)$ は $L(\boldsymbol{a}_1, \boldsymbol{a}_2, \ldots, \boldsymbol{a}_n)$ に等しいので，次の等式が成り立つ.

$$\mathrm{rank}(A) = \dim L(\boldsymbol{a}_1, \boldsymbol{a}_2, \ldots, \boldsymbol{a}_n) \tag{8.7}$$

ランクの性質

A を $m\times n$ 行列，P を n 次正則行列，Q を m 次正則行列とするとき，定義 8.6 で与えられたランクについて，次式が成立する．

$$\mathrm{rank}(QAP)=\mathrm{rank}(A) \tag{8.8}$$

行列のランクと線形写像のランク

定理 8.11 . $m\times n$ 行列 A に対して，第 4.3 節で与えたランクの定義と定義 8.6 のランクの定義は一致する．

なお，このことは問題 8.6 からも分かる．

ランクと基本変形

定理 8.12 . 行列 A に基本変形を施して行列 B を得たとき，

$$\mathrm{rank}(A)=\mathrm{rank}(B)$$

が成立する．

転置行列のランク

系 8.2 . 任意の行列 A に対して，

$$\mathrm{rank}(A)=\mathrm{rank}({}^tA) \tag{8.9}$$

が成立する．

ランクの性質

問題 8.9． A が $m \times n$ 行列であるとき

$$\mathrm{rank}(A) \leq n \text{ かつ } \mathrm{rank}(A) \leq m$$

となることを，ランクの定義を使って証明せよ．

（解答）

$f_A : K^n \to K^m$ なので $\mathrm{Im}(f_A)$ は K^m の部分空間である．特に，

$$\mathrm{rank}(A) = \dim\mathrm{Im}(f_A) \leq \dim K^m = m$$

となる．また，次元公式より，

$$\mathrm{rank}(A) = \dim\mathrm{Im}(f_A) = n - \dim\mathrm{Ker}(f_A) \leq n$$

である．■

演習問題

演習問題 8.11

$m \times n$ 行列 $A = [\boldsymbol{a}_1, \boldsymbol{a}_2, \ldots, \boldsymbol{a}_n]$ に対して，$\mathrm{rank}(A)$ は列ベクトル $\boldsymbol{a}_1, \boldsymbol{a}_2, \ldots, \boldsymbol{a}_n$ のうち一次独立なベクトルの最大個数に等しいことを示せ．

第9章

計量ベクトル空間

Section 9.1

複素数の復習

複素数

定義 9.1 . i を虚数単位 ($i^2 = -1$) として

$$z = x + yi \qquad x, y \in \mathbb{R}$$

と表せる数を**複素数**という．このとき，x を z の**実部**，y を z の**虚部**と呼び，それぞれ，$x = \mathrm{Re}(z)$，$y = \mathrm{Im}(z)$ と表す．また，yi という形の複素数を**純虚数**という．

共役複素数・絶対値

定義 9.2 . 複素数 $z = x + yi$ に対して，$x - yi$ を z の**共役複素数**（あるいは**複素共役**）といい，$\overline{z}$ で表す．また，$|z| = \sqrt{x^2 + y^2} = \sqrt{z\overline{z}}$ で定義される実数 $|z|$ を複素数 z の**絶対値**という．

複素数の同値

定義 9.3 . $z, w \in \mathbb{C}$ に対して「$z = w \overset{\text{def}}{\Longleftrightarrow} \mathrm{Re}(z) = \mathrm{Re}(w)$ かつ $\mathrm{Im}(z) = \mathrm{Im}(w)$」と定義する.

複素数の四則演算

定義 9.4 . $z = x_1 + y_1 i,\ w = x_2 + y_2 i (x_1, x_2, y_1, y_2 \in \mathbb{R})$ に対して演算を次のように定義する.

$$z \pm w = (x_1 \pm x_2) + (y_1 \pm y_2)i$$

$$zw = (x_1 x_2 - y_1 y_2) + (x_1 y_2 + y_1 x_2)i$$

$$\frac{z}{w} = \frac{(x_1 x_2 + y_1 y_2) + (-x_1 y_2 + y_1 x_2)i}{x_2^2 + y_2^2} \qquad (w \neq 0)$$

共役複素数の性質

定理 9.1 . $z, w \in \mathbb{C}$ に対して次が成り立つ.

(1) $\overline{\overline{z}} = z, \quad \mathrm{Re}(z) = \dfrac{z + \overline{z}}{2}, \quad \mathrm{Im}(z) = \dfrac{z - \overline{z}}{2i}$

(2) $\overline{z \pm w} = \overline{z} \pm \overline{w}, \quad \overline{zw} = \bar{z}\bar{w}, \quad \overline{\left(\dfrac{z}{w}\right)} = \dfrac{\overline{z}}{\overline{w}} (w \neq 0)$

(3) $\overline{z} = z \overset{\text{iff}}{\Longleftrightarrow} z$ が実数

代数学の基本定理

定理 9.2 . 複素数を係数にもつ代数方程式

$$f(z) = c_n z^n + c_{n-1} z^{n-1} + \cdots + c_1 z + c_0 = 0 \qquad (c_n \neq 0,\ n \geq 1)$$

は複素数内に必ず解をもつ.

複素数の性質

問題 9.1 . z を任意の複素数とする．このとき，次の問に答えよ．

(1) $\mathrm{Re}(z) = \dfrac{z+\overline{z}}{2}$ および $\mathrm{Im}(z) = \dfrac{z-\overline{z}}{2i}$ が成り立つことを示せ．

(2) $|\mathrm{Re}(z)| \leq |z|$ および $|\mathrm{Im}(z)| \leq |z|$ を示せ．

（解答）

(1) $z = x + yi$ とすると $\overline{z} = x - yi$ であり，$\overline{z} + z = 2x$ なので，
$x = \dfrac{\overline{z}+z}{2}$ である．また，$z - \overline{z} = 2yi$ なので，$y = \dfrac{z-\overline{z}}{2i}$ である．

(2)

$$\begin{aligned}|\mathrm{Re}(z)| &= |x| = \sqrt{x^2} \leq \sqrt{x^2+y^2} = |z| \\ |\mathrm{Im}(z)| &= |y| = \sqrt{y^2} \leq \sqrt{x^2+y^2} = |z|\end{aligned}$$

■

■■■ 演習問題 ■■■

演習問題 9.1

次の複素数を $x + yi$ の形に書け．

(1) $(4-3i)+(9+4i)$ (2) $(-3+5i)-(7-3i)$ (3) $(7-3i)(4+5i)$

(4) $\dfrac{20}{2+i}$ (5) $\dfrac{12+2i}{1+i}$ (6) $\dfrac{2i^5}{1+i^3}$

演習問題 9.2

2 次方程式 $x^2 + x + 1 = 0$ の判別式は $D = 1 - 4 < 0$ なので，この方程式の実数解は存在しない．この事実が，代数学の基本定理に反しないことを説明せよ．

Section 9.2
内積

この節では，K を $\mathbb{R}$ または $\mathbb{C}$ とする．

計量空間・内積

定義 9.5 . K 上のベクトル空間 V において $\forall \boldsymbol{a}, \forall \boldsymbol{b} \in V$ に対して**内積**と呼ばれる K の要素 $(\boldsymbol{a}, \boldsymbol{b})$ がただ 1 つ定まり，次の性質を満たすとき V は**計量ベクトル空間**または単に**計量空間**であるという．

$\forall \boldsymbol{a}, \forall \boldsymbol{b}, \forall \boldsymbol{c} \in V$, $x \in K$ に対して

(1) $(\boldsymbol{a}, \boldsymbol{b}) = \overline{(\boldsymbol{b}, \boldsymbol{a})}$ （対称性）

(2) $(\boldsymbol{a}, \boldsymbol{b}+\boldsymbol{c}) = (\boldsymbol{a}, \boldsymbol{b})+(\boldsymbol{a}, \boldsymbol{c})$,　$(\boldsymbol{a}+\boldsymbol{b}, \boldsymbol{c}) = (\boldsymbol{a}, \boldsymbol{c})+(\boldsymbol{b}, \boldsymbol{c})$ （線形性）

(3) $(x\boldsymbol{a}, \boldsymbol{b}) = x(\boldsymbol{a}, \boldsymbol{b})$ （線形性）

(4) $(\boldsymbol{a}, \boldsymbol{a}) \geq 0$ かつ「$(\boldsymbol{a}, \boldsymbol{a}) = 0 \overset{\text{iff}}{\Longleftrightarrow} \boldsymbol{a}=\boldsymbol{0}$」 （正値性）

ユニタリ空間

定義 9.6 . $K = \mathbb{C}$ であることを明示したいときは，計量空間のことを**複素計量空間**あるいは**ユニタリ空間**と呼び，内積のことを**複素内積**あるいは**エルミート内積**と呼ぶ．

ノルム

定義 9.7 . V が計量ベクトル空間であるとき，$\boldsymbol{a} \in V$ に対し，その**ノルム**（または**長さ**）と呼ばれる実数 $\|\boldsymbol{a}\|$ を次のように定義する．

$$\|\boldsymbol{a}\| = \sqrt{(\boldsymbol{a}, \boldsymbol{a})}$$

内積の例

例 9.1． (1) $\mathbb{R}^n$ の任意の元 $\boldsymbol{x} = \begin{bmatrix} x_1 \\ \vdots \\ x_n \end{bmatrix}$, $\boldsymbol{y} = \begin{bmatrix} y_1 \\ \vdots \\ y_n \end{bmatrix}$ に対して

$$(\boldsymbol{x}, \boldsymbol{y}) = x_1y_1 + x_2y_2 + \cdots + x_ny_n = {}^t\boldsymbol{x}\boldsymbol{y}$$

と定めると $(\boldsymbol{x}, \boldsymbol{y})$ は $\mathbb{R}^n$ における内積を与える．これは**標準内積**と呼ばれる．なお，$\|\boldsymbol{x}\| = \sqrt{x_1^2 + x_2^2 + \cdots + x_n^2}$ である．

(2) $\mathbb{C}^n$ の任意の元 $\boldsymbol{x} = \begin{bmatrix} x_1 \\ \vdots \\ x_n \end{bmatrix}$, $\boldsymbol{y} = \begin{bmatrix} y_1 \\ \vdots \\ y_n \end{bmatrix}$ に対して

$$(\boldsymbol{x}, \boldsymbol{y}) = x_1\overline{y_1} + x_2\overline{y_2} + \cdots + x_n\overline{y_n} = {}^t\boldsymbol{x}\overline{\boldsymbol{y}}$$

と定めると $(\boldsymbol{x}, \boldsymbol{y})$ は $\mathbb{C}^n$ における内積を与える．これは（標準）**複素内積**と呼ばれる．なお，$\|\boldsymbol{x}\| = \sqrt{x_1\overline{x_1} + \cdots + x_n\overline{x_n}} = \sqrt{|x_1|^2 + \cdots + |x_n|^2}$ である．

(3) $\mathbb{R}$ の閉区間 $I = [a, b]$ について，I 上で連続な関数全体の作る空間 $C(I)$ において，$f, g \in C(I)$ に対して，

$$(f, g) = \int_a^b f(x)g(x)dx$$

と定めると (f, g) は $C(I)$ における内積になる．これは L^2 内積と呼ばれる．

(4) 複素数を成分にもつ $m \times n$ 行列の全体 $M_{m\times n}(\mathbb{C})$ は mn 次元のベクトル空間であるが，$A, B \in M_{m\times n}(\mathbb{C})$ に対して

$$(A, B) = \mathrm{tr}(A\,{}^t\overline{B})$$

と定義すると (A, B) は $M_{m\times n}(\mathbb{C})$ 上の内積を与える．これは，$M_{m\times n}(\mathbb{C})$ を $\mathbb{C}^{mn}$ と同一視したときの普通の内積に他ならない．

シュワルツの不等式と三角不等式

定理 9.3 . V が計量ベクトル空間であるとき，$\forall \boldsymbol{a}, \forall \boldsymbol{b} \in V$ に対して次の不等式が成り立つ.

(1) $|(\boldsymbol{a}, \boldsymbol{b})| \leq \|\boldsymbol{a}\|\|\boldsymbol{b}\|$ （**シュワルツの不等式**）

(2) $\|\boldsymbol{a}+\boldsymbol{b}\| \leq \|\boldsymbol{a}\|+\|\boldsymbol{b}\|$ （**三角不等式**）

2つのベクトルのなす角

定義 9.8 . シュワルツの不等式より，計量ベクトル空間の要素 $\boldsymbol{a}, \boldsymbol{b}$ については次のように $\boldsymbol{a}, \boldsymbol{b}$ の**なす角**（$0 \leq \theta \leq \pi$）を定義できる.

$$\boldsymbol{a} \neq \mathbf{0}, \boldsymbol{b} \neq \mathbf{0} \text{のとき} \cos\theta = \frac{(\boldsymbol{a}, \boldsymbol{b})}{\|\boldsymbol{a}\|\|\boldsymbol{b}\|}$$

直交

定義 9.9 . 計量ベクトル空間 V において $\boldsymbol{a}, \boldsymbol{b} \in V$ に対して $(\boldsymbol{a}, \boldsymbol{b}) = 0$ となるとき，$\boldsymbol{a}$ と $\boldsymbol{b}$ は**直交する**といい，$\boldsymbol{a} \perp \boldsymbol{b}$ と表す．なお，便宜上，$\boldsymbol{a} = \mathbf{0}$ または $\boldsymbol{b} = \mathbf{0}$ のときも $\boldsymbol{a}$ と $\boldsymbol{b}$ は直交するという.

直交と一次独立性

定理 9.4 . $\boldsymbol{a}_1, \boldsymbol{a}_2, \ldots, \boldsymbol{a}_r$ が計量ベクトル空間 V の $\mathbf{0}$ でないベクトルのとき，このどの2つも互いに直交すると仮定すると，$\boldsymbol{a}_1, \boldsymbol{a}_2, \ldots, \boldsymbol{a}_r$ は一次独立である.

内積

問題 9.2． $\mathbb{C}$ 上のベクトル空間 V と $\forall \boldsymbol{a}, \forall \boldsymbol{b} \in V$ に対して次の性質：$\forall \boldsymbol{a}, \forall \boldsymbol{b}, \forall \boldsymbol{c} \in V,\ \forall x \in \mathbb{C}$ に対して

(i) $(\boldsymbol{a}, \boldsymbol{b}) = \overline{(\boldsymbol{b}, \boldsymbol{a})}$　（対称性）

(ii) $(\boldsymbol{a}, \boldsymbol{b}+\boldsymbol{c}) = (\boldsymbol{a}, \boldsymbol{b}) + (\boldsymbol{a}, \boldsymbol{c}),\ (\boldsymbol{a}+\boldsymbol{b}, \boldsymbol{c}) = (\boldsymbol{a}, \boldsymbol{c}) + (\boldsymbol{b}, \boldsymbol{c})$　（線形性）

(iii) $(x\boldsymbol{a}, \boldsymbol{b}) = x(\boldsymbol{a}, \boldsymbol{b})$　（線形性）

(iv) $(\boldsymbol{a}, \boldsymbol{a}) \geq 0$ かつ「$(\boldsymbol{a}, \boldsymbol{a}) = 0 \overset{\text{iff}}{\Longleftrightarrow} \boldsymbol{a} = \boldsymbol{0}$」　（正値性）

を満たす $(\boldsymbol{a}, \boldsymbol{b})$ を V 上の内積と呼ぶ．ここで，$z \in \mathbb{C}$ に対して，$\overline{z}$ は z の共役複素数である．

このとき，次の問に答えよ．

(1) $\mathbb{C}$ 上のベクトル空間 V に内積を導入するメリットについて述べよ．

(2) $(\boldsymbol{a}, x\boldsymbol{b}) = \overline{x}(\boldsymbol{a}, \boldsymbol{b})$ を示せ．

(3) $\mathbb{C}^n$ の任意の元 $\boldsymbol{x} = \begin{bmatrix} x_1 \\ \vdots \\ x_n \end{bmatrix}, \boldsymbol{y} = \begin{bmatrix} y_1 \\ \vdots \\ y_n \end{bmatrix}$ に対して

$$(\boldsymbol{x}, \boldsymbol{y}) = x_1\overline{y_1} + x_2\overline{y_2} + \cdots + x_n\overline{y_n} = {}^t\boldsymbol{x}\overline{\boldsymbol{y}}$$

と定めると $(\boldsymbol{x}, \boldsymbol{y})$ は $\mathbb{C}^n$ における内積を与えることを示せ．

(4) 計量ベクトル空間の要素 $\boldsymbol{a}, \boldsymbol{b}$ については次のように $\boldsymbol{a}, \boldsymbol{b}$ のなす角（$0 \leq \theta \leq \pi$）を定義することができる．

$$\boldsymbol{a} \neq \boldsymbol{0}, \boldsymbol{b} \neq \boldsymbol{0} \text{のとき} \cos\theta = \frac{(\boldsymbol{a}, \boldsymbol{b})}{\|\boldsymbol{a}\|\|\boldsymbol{b}\|}$$

このとき，$0 \leq \theta \leq \pi$ とできる理由を述べよ．

（解答）

(1) 大きさ，角度といった概念を導入することができる．このため，幾何学的な考え方ができるようになる．

(2) $(\boldsymbol{a}, x\boldsymbol{b}) = \overline{(x\boldsymbol{b}, \boldsymbol{a})} = \overline{x(\boldsymbol{b}, \boldsymbol{a})} = \overline{x}\,\overline{(\boldsymbol{b}, \boldsymbol{a})} = \overline{x}(\boldsymbol{a}, \boldsymbol{b})$

(3) (i)〜(iv) を確認すればよい．

(i) $(\boldsymbol{y}, \boldsymbol{x}) = y_1\overline{x}_1 + \cdots + y_n\overline{x}_n$ より，

$\overline{(\boldsymbol{y}, \boldsymbol{x})} = x_1\overline{y}_1 + \cdots + x_n\overline{y}_n = (\boldsymbol{x}, \boldsymbol{y})$.

(ii) $(\boldsymbol{x} + \boldsymbol{y}, \boldsymbol{z}) = (x_1 + y_1)\overline{z}_1 + \cdots + (x_n + y_n)\overline{z}_n =$

$x_1\overline{z}_1 + \cdots + x_n\overline{z}_n + y_1\overline{z}_1 + \cdots + y_n\overline{z}_n = (\boldsymbol{x}, \boldsymbol{z}) + (\boldsymbol{y}, \boldsymbol{z})$

(iii) $(\alpha\boldsymbol{x}, \boldsymbol{y}) = (\alpha x_1)\overline{y}_1 + \cdots + (\alpha x_n)\overline{y}_n = \alpha(x_1\overline{y}_1 + \cdots x_n\overline{y}_n) =$

$\alpha(\boldsymbol{x}, \boldsymbol{y})$

(iv) $(\boldsymbol{x}, \boldsymbol{x}) = x_1\overline{x}_1 + \cdots + x_n\overline{x}_n = |x_1|^2 + \cdots + |x_n|^2 = 0 \iff$

$x_1 = \cdots = x_n \iff \boldsymbol{x} = \boldsymbol{0}$.

(4) $\boldsymbol{a} \neq \boldsymbol{0}, \boldsymbol{b} \neq \boldsymbol{0}$ のときは，$\|\boldsymbol{a}\|\|\boldsymbol{b}\| \neq 0$ なのでシュワルツの不等式より

$$-1 \leq \frac{(\boldsymbol{a}, \boldsymbol{b})}{\|\boldsymbol{a}\|\|\boldsymbol{b}\|} \leq 1$$

となるので，$0 \leq \theta \leq \pi$ としてなす角を定義できる．

■

【評価基準・注意】 ================================

- (1) において，抽象的なもの，例えば「数学的な理解がしやすい」,「分かりやすい」,「都合がいい」といったものは 0 点．また,「スカラーを導入できる」というのも 0 点．ベクトル空間ではすでにスカラー倍を導入している．一方,「量」や「角度」といった概念が入った表現，例えば,「大小関係を扱える」,「幾何ベクトルのように扱える」というのは部分点の対象となり得る．
- (2) において「内積の性質より明らか」としているものは 0 点．何を使ったかを明示するべきである．ここでは，性質を使って導かなければならない．
- (3) において「明らかに (i)〜(iv) が成り立つ」としているものは 0 点．(i)〜(iv) が成り立つことを示さなければならない．あまり「明らか」という言葉を数学のテストでは使わないほうがよい．線形代数を詳しく知っている人にとっては，本書の内容はすべて明らかである．

- (4) では,「シュワルツの不等式」を利用することを明記していなければ減点. 計量空間では, 内積を使って角度を定義するのであって, 角度が最初に決められている訳ではないことに注意せよ（高校では, 逆に $\cos\theta$ の定義を学んだ後で, 内積が $\cos\theta = \frac{(\boldsymbol{a},\boldsymbol{b})}{\|\boldsymbol{a}\|\|\boldsymbol{b}\|}$ を満たすことを学ぶ. 混同しないように）.

==

なす角の計算

問題 9.3 . 2 行 3 列の行列全体の計量ベクトル空間 $M_{2\times 3}(\mathbb{R})$ において $A = \begin{bmatrix} 2 & -4 & 3 \\ 3 & 1 & -5 \end{bmatrix}$, $B = \begin{bmatrix} 1 & 1 & 4 \\ 1 & 2 & 3 \end{bmatrix}$ とおくとき, A と B のなす角 θ を求めよ.

（解答）

$$A^tB = \begin{bmatrix} 2 & -4 & 3 \\ 3 & 1 & -5 \end{bmatrix}\begin{bmatrix} 1 & 1 \\ 1 & 2 \\ 4 & 3 \end{bmatrix} = \begin{bmatrix} 10 & 3 \\ -16 & -10 \end{bmatrix}$$

である. よって, A と B との内積は $(A,B) = \mathrm{tr}(A^tB) = 10 - 10 = 0$ なので A と B のなす角は $\pi/2$ である. ■

【評価基準・注意】==========================

- $\mathrm{tr}({}^tAB)$ を計算してもよい. 結果は同じになる.
  実際, ${}^tAB = \begin{bmatrix} 2 & 3 \\ -4 & 1 \\ 3 & -5 \end{bmatrix}\begin{bmatrix} 1 & 1 & 4 \\ 1 & 2 & 3 \end{bmatrix} = \begin{bmatrix} 5 & 8 & 17 \\ -3 & -2 & -13 \\ -2 & -7 & -3 \end{bmatrix}$ より,
  $\mathrm{tr}({}^tAB) = 5 - 2 - 3 = 0$ を得る.
- なす角 θ は $0 \le \theta \le \pi$ の範囲であることに注意せよ. $\theta = \dfrac{3}{2}\pi$ や $\theta = \dfrac{5}{2}\pi$ などとしてはいけない.

==

■■■ 演習問題 ■■■■■■■■■■■■■■■■■■■■■■■■

演習問題 9.3

区間 $[-1,1]$ 上の連続関数全体を $C[-1,1]$ とする. $C[-1,1]$ において内積を

$$(f,g) = \int_{-1}^{1} f(x)g(x)dx \qquad f,g \in C[-1,1]$$

によって定義し, $f_1(x) = x^2, f_2(x) = x^4$ とおくとき, 次の各々を求めよ.

(1) (f_1,f_2)　(2) $\|f_1\|$　(3) $\|f_2\|$　(4) f_1 と f_2 のなす角 θ に対して $\cos\theta$

Section 9.3
正規直交基底

この節では，V を $\mathbb{R}$ または $\mathbb{C}$ の計量ベクトル空間とし，$(\cdot,\cdot)$ でそれぞれの場合に内積または複素内積を表すことにする．

正規直交基底

定義 9.10． 計量ベクトル空間 V の $\mathbf{0}$ でないベクトル $\boldsymbol{a}_1, \boldsymbol{a}_2, \ldots, \boldsymbol{a}_n$ がどの 2 つも互いに直交し，かつどのベクトルもそのノルムが 1 に等しいとき，つまり，

$$(\boldsymbol{a}_i, \boldsymbol{a}_j) = \delta_{ij} = \begin{cases} 1 & (i = j) \\ 0 & (i \neq j) \end{cases}$$

を満たすとき，$\{\boldsymbol{a}_1, \boldsymbol{a}_2, \ldots, \boldsymbol{a}_n\}$ を**正規直交系**という．また，それらが V の基底であるとき，**正規直交基底**であるという．

グラム・シュミットの直交化

定理 9.5． n 次元計量ベクトル空間 V のベクトル $\boldsymbol{a}_1$, $\boldsymbol{a}_2$, …, $\boldsymbol{a}_n$ は一次独立であるとする．このとき，

$$\begin{aligned} \boldsymbol{e}_1 &= \frac{\boldsymbol{a}_1}{\|\boldsymbol{a}_1\|} \\ k &= 2, 3, \ldots, n \text{ に対して} \\ \boldsymbol{b}_k &= \boldsymbol{a}_k - \sum_{j=1}^{k-1} (\boldsymbol{a}_k, \boldsymbol{b}_j)\boldsymbol{b}_j \\ \boldsymbol{e}_k &= \frac{\boldsymbol{b}_k}{\|\boldsymbol{b}_k\|} \end{aligned}$$

によって作られるベクトル $\boldsymbol{e}_1$, $\boldsymbol{e}_2$, …, $\boldsymbol{e}_n$ は正規直交系である．

グラム・シュミットの直交化

問題 9.4． グラム・シュミットの直交化を用いて，$\mathbb{R}^3$ の次の基底から正規直交基底を構成せよ．

$$\boldsymbol{a}_1 = \begin{bmatrix} 1 \\ 1 \\ 0 \end{bmatrix}, \quad \boldsymbol{a}_2 = \begin{bmatrix} 0 \\ -1 \\ 1 \end{bmatrix}, \quad \boldsymbol{a}_3 = \begin{bmatrix} -1 \\ 2 \\ 0 \end{bmatrix}$$

（解答）

まず，

$$\boldsymbol{e}_1 = \frac{\boldsymbol{a}_1}{\|\boldsymbol{a}_1\|} = \frac{1}{\sqrt{1+1}} \begin{bmatrix} 1 \\ 1 \\ 0 \end{bmatrix} = \frac{1}{\sqrt{2}} \begin{bmatrix} 1 \\ 1 \\ 0 \end{bmatrix}$$

である．次に，

$$\boldsymbol{b}_2 = \boldsymbol{a}_2 - (\boldsymbol{a}_2, \boldsymbol{e}_1)\boldsymbol{e}_1 = \begin{bmatrix} 0 \\ -1 \\ 1 \end{bmatrix} - \frac{1}{\sqrt{2}}[0 \ -1 \ 1] \begin{bmatrix} 1 \\ 1 \\ 0 \end{bmatrix} \frac{1}{\sqrt{2}} \begin{bmatrix} 1 \\ 1 \\ 0 \end{bmatrix}$$

$$= \begin{bmatrix} 0 \\ -1 \\ 1 \end{bmatrix} + \frac{1}{2} \begin{bmatrix} 1 \\ 1 \\ 0 \end{bmatrix} = \frac{1}{2} \begin{bmatrix} 1 \\ -1 \\ 2 \end{bmatrix}$$

なので，

$$\boldsymbol{e}_2 = \frac{\boldsymbol{b}_2}{\|\boldsymbol{b}_2\|} = \frac{1}{\sqrt{\frac{1}{4}(1+1+4)}} \frac{1}{2} \begin{bmatrix} 1 \\ -1 \\ 2 \end{bmatrix} = \frac{1}{\sqrt{6}} \begin{bmatrix} 1 \\ -1 \\ 2 \end{bmatrix}$$

である．そして，

$$\boldsymbol{b}_3 = \boldsymbol{a}_3 - (\boldsymbol{a}_3, \boldsymbol{e}_1)\boldsymbol{e}_1 - (\boldsymbol{a}_3, \boldsymbol{e}_2)\boldsymbol{e}_2 = \begin{bmatrix} -1 \\ 2 \\ 0 \end{bmatrix} - \frac{1}{2} \begin{bmatrix} 1 \\ 1 \\ 0 \end{bmatrix} + \frac{1}{2} \begin{bmatrix} 1 \\ -1 \\ 2 \end{bmatrix} = \begin{bmatrix} -1 \\ 1 \\ 1 \end{bmatrix}$$

なので,

$$e_3 = \frac{b_3}{\|b_3\|} = \frac{1}{\sqrt{3}} \begin{bmatrix} -1 \\ 1 \\ 1 \end{bmatrix}$$

である. 以上の e_1, e_2, e_3 が求めるべき正規直交基底である. ■

【評価基準・注意】==============================

- $e_1 = \dfrac{a_1}{\|a_1\|}$ だからといって $e_2 = \dfrac{a_2}{\|a_2\|}$ や $e_3 = \dfrac{a_3}{\|a_3\|}$ などとしないようにせよ.

==

演習問題 9.4
グラム・シュミットの直交化を用いて $\mathbb{R}^3$ の次の基底から正規直交系を構成せよ.

$$a_1 = \begin{bmatrix} -2 \\ 1 \\ 0 \end{bmatrix}, \quad a_2 = \begin{bmatrix} -1 \\ 0 \\ 1 \end{bmatrix}, \quad a_3 = \begin{bmatrix} 1 \\ 1 \\ 1 \end{bmatrix}$$

Section 9.4
ユニタリ行列とエルミート行列

随伴行列

定義 9.11 . 複素数を成分にもつ行列 $A = [a_{ij}]$ に対して, $\bar{a}_{ji}$ を (i, j) 成分にもつ行列

$$^t\bar{A} = [\bar{a}_{ji}]$$

を A の**随伴行列**といい, A^* で表す. つまり,

$$A^* = {}^t\bar{A}$$

である.

随伴行列の性質

定理 9.6 .

(1) A が $m\times n$ 複素行列，A が $n\times r$ 複素行列ならば $(AB)^* = B^*A^*$

(2) A が複素正方行列ならば，$\det(A^*) = \overline{\det A}$

(3) A が複素正方行列ならば，$(A\boldsymbol{x}, \boldsymbol{y}) = (\boldsymbol{x}, A^*\boldsymbol{y})$ である．ただし，$(\cdot, \cdot)$ は複素内積である．

ユニタリ行列・エルミート行列

定義 9.12 . n 次正方複素行列 A に対して，

(1) $AA^* = E_n$，つまり，$A^* = A^{-1}$ となるとき，A を**ユニタリ行列**

(2) $A^* = A$ となるとき，A を**エルミート行列**

という．また，n 次正方実行列 A に対して，

(1) $A^tA = E_n$ となるとき，A を**直交行列**

(2) ${}^tA = A$ となるとき，A を**対称行列**

という．

ユニタリ行列の特徴付け

定義 9.13 . n 次正方複素行列 A に対して，次の各条件は互いに同値である．

(1) $A^*A = E_n$，すなわち，A はユニタリ行列である．

(2) $\forall \boldsymbol{x} \in \mathbb{C}^n$ に対し，$\|A\boldsymbol{x}\| = \|\boldsymbol{x}\|$

(3) $\forall \boldsymbol{x}, \forall \boldsymbol{y} \in \mathbb{C}^n$ に対し，$(A\boldsymbol{x}, A\boldsymbol{y}) = (\boldsymbol{x}, \boldsymbol{y})$

(4) $A = [\boldsymbol{a}_1, \boldsymbol{a}_2, \ldots, \boldsymbol{a}_n]$ のとき，$(\boldsymbol{a}_i, \boldsymbol{a}_j) = \delta_{ij}$，

すなわち，n 個の列ベクトルは互いに直交する単位ベクトルである．

エルミート行列の性質

問題 9.5． 次の問に答えよ．

(1) A と B を n 次エルミート行列とする．このとき，「AB がエルミート行列であるための必要十分条件は $AB = BA$ が成り立つことである」ことを示せ．

(2) エルミート行列の逆行列はエルミート行列であることを示せ．

（解答）

(1) $(\Longrightarrow)$ 仮定より $A = A^*$, $B = B^*$, $AB = (AB)^*$ なので
$AB = (AB)^* = B^*A^* = BA.$
$(\Longleftarrow)$ $AB = BA$ なので $(AB)^* = B^*A^* = BA = AB.$

(2) A をエルミート行列とすると $A = A^*$ である．ここで，$E_n = AA^{-1}$ の両辺の随伴行列をとって，

$$E_n = (AA^{-1})^* = (A^{-1})^*A^* = (A^{-1})^*A$$

となるので，$(A^{-1})^*$ は A の逆行列となる．よって，$(A^{-1})^* = A^{-1}$ が成り立ち，A^{-1} がエルミート行列であることが分かる．

■

【評価基準・注意】＝＝＝＝＝＝＝＝＝＝＝＝＝＝＝＝＝＝＝＝＝＝＝＝＝＝＝＝＝＝

- エルミート行列（$A = A^*$）とユニタリ行列（$AA^* = E_n$）の性質を混同しているようなものは 0 点．
- 一般には，行列の積について $AB = BA$ は成り立たないことに注意．
- 2 次行列や 3 次行列で証明しないように．ここでは，n 次行列に対する証明を求めている．
- $\det A = \det B$ が成り立っていても $A = B$ は成り立たない．例えば，$A = \begin{bmatrix} 1 & 0 \\ 0 & 2 \end{bmatrix}$, $B = \begin{bmatrix} 2 & 0 \\ 0 & 1 \end{bmatrix}$ とすると，$\det A = \det B$ だが $A \neq B$ である．
- 証明すべきこと，例えば (2) において $(A^{-1})^* = A^{-1}$ を使ったり，(1) の $(\Longrightarrow)$ の証明で $AB = BA$ を使っているものは 0 点．

- A がエルミート行列でも A がユニタリ行列とは限らないことに注意せよ．例えば，$A=\begin{bmatrix}1&1\\1&1\end{bmatrix}$ はエルミート行列だが，$AA^*=\begin{bmatrix}1&1\\1&1\end{bmatrix}\begin{bmatrix}1&1\\1&1\end{bmatrix}=\begin{bmatrix}2&2\\2&2\end{bmatrix}\neq E_2$ なので，A はユニタリ行列ではない．
- 「A はエルミート行列なので $AA^{-1}=E_n$ である」とか「A はユニタリ行列なので $AA^{-1}=E_n$ である」と書かないようにせよ．行列 A が正則ならばつねに $AA^{-1}=E_n$ である．
- A がユニタリ行列でも A はエルミート行列とは限らない．例えば，$A=\frac{1}{\sqrt{2}}\begin{bmatrix}1&-1\\1&1\end{bmatrix}$ とすると $A^*=\frac{1}{\sqrt{2}}\begin{bmatrix}1&1\\-1&1\end{bmatrix}$ であり $A\neq A^*$ だが，$AA^*=\frac{1}{2}\begin{bmatrix}1&-1\\1&1\end{bmatrix}\begin{bmatrix}1&1\\-1&1\end{bmatrix}=E_2$ なので A はユニタリ行列である．
- (2) は，$({}^t\overline{A})^{-1}={}^t\,\overline{A^{-1}}$ を示せば $A^{-1}=(A^*)^{-1}=({}^t\overline{A})^{-1}={}^t\,\overline{A^{-1}}=(A^{-1})^*$ と証明してもよい．
なお，$({}^t\overline{A})^{-1}=\frac{1}{\det({}^t\overline{A})}\mathrm{Cof}({}^t\overline{A})=\frac{1}{\det(\overline{A})}\mathrm{Cof}({}^t\overline{A})$ と ${}^t(\overline{A}^{-1})={}^t\left(\frac{1}{\det(\overline{A})}\mathrm{Cof}(\overline{A})\right)=\frac{1}{\det(\overline{A})}{}^t\mathrm{Cof}(\overline{A})=\frac{1}{\det(\overline{A})}\mathrm{Cof}({}^t\overline{A})$ より，$({}^t\overline{A})^{-1}={}^t\,\overline{A^{-1}}$ が成立する．

==================================

ユニタリ行列の性質

問題 9.6． A を n 次複素正方行列，A^* を A の随伴行列，$(\cdot,\cdot)$ を複素内積とする．このとき，以下の事柄を証明せよ．

(1) $\forall \boldsymbol{x}, \forall \boldsymbol{y}\in\mathbb{C}^n$ に対して $(A\boldsymbol{x},\boldsymbol{y})=(\boldsymbol{x},A^*\boldsymbol{y})$ が成り立つ．

(2) A がユニタリ行列ならば，$\forall \boldsymbol{x}\in\mathbb{C}^n$ に対し $\|A\boldsymbol{x}\|=\|\boldsymbol{x}\|$ が成り立つ．

（解答）

(1) $(A\boldsymbol{x},\boldsymbol{y})={}^t(A\boldsymbol{x})\bar{\boldsymbol{y}}=({}^t\boldsymbol{x}{}^t\boldsymbol{A})\bar{\boldsymbol{y}}={}^t\boldsymbol{x}({}^tA\bar{\boldsymbol{y}})={}^t\boldsymbol{x}(\overline{{}^t\bar{A}\boldsymbol{y}})=(\boldsymbol{x},A^*\boldsymbol{y})$

(2) $\|A\boldsymbol{x}\|^2=(A\boldsymbol{x},A\boldsymbol{x})=(\boldsymbol{x},A^*A\boldsymbol{x})=(\boldsymbol{x},\boldsymbol{x})=\|\boldsymbol{x}\|^2$ なので，
$\|A\boldsymbol{x}\|=\|\boldsymbol{x}\|$ である．

■

【評価基準・注意】==============================

- $(A\boldsymbol{x}, A\boldsymbol{x}) = A(\boldsymbol{x}, \boldsymbol{x})$ や $A^*(A\boldsymbol{x}, \boldsymbol{y}) = (A^*A\boldsymbol{x}, A^*\boldsymbol{y})$ などとしないようにせよ．$\boldsymbol{x}$ はベクトル，$(\boldsymbol{x}, \boldsymbol{x})$ は数，A は行列，といったことを意識すること．
- $\|A\boldsymbol{x}\|^2 = \|A\boldsymbol{x}\|\|A^*\boldsymbol{x}\|$ としないように．
- 一般には ${}^tA \neq A^{-1}$ である．これが成り立つのは，A が直交行列のときである．

==================================

■■■ 演習問題 ■■■■■■■■■■■■■■■■■■■■■■■■

演習問題 9.5

複素行列 $A = \begin{bmatrix} i & 2+3i & 1-i \\ 5 & 3-i & 7i \end{bmatrix}$ の随伴行列 A^* を求めよ．

演習問題 9.6

$\alpha, \beta \in \mathbb{C}$ とし，$A = \begin{bmatrix} \alpha & \beta \\ -\bar{\beta} & \bar{\alpha} \end{bmatrix}$ とする．このとき，$|\alpha|^2 + |\beta|^2 = 1$ ならば，A はユニタリ行列であることを示せ．

演習問題 9.7

次の問に答えよ．

(1) A と B がともに n 次ユニタリ行列のとき，AB および A^{-1} もユニタリ行列であることを示せ．

(2) エルミート行列の行列式は実数であることを示せ．

第10章

不変部分空間

本章以降の目標

基底の取り換えによって線形変換 $f : V \to V$ の表現行列が変化するが，どのように基底を選べばこの行列を最も単純化できるか？ という問題を解決する．

この章では $K = \mathbb{C}$ とする．

Section 10.1

和空間と直和

ベクトル空間 V を固定して，その部分空間 U_1 と U_2 が与えられた場合を考える．

和空間

定義 10.1． U_1 と U_2 の和 $U_1 + U_2$ を

$$U_1 + U_2 = \{\boldsymbol{a}_1 + \boldsymbol{a}_2 | \boldsymbol{a}_1 \in U_1, \boldsymbol{a}_2 \in U_2\}$$

と定めると，これは V の部分空間となる．これを U_1 と U_2 の**和**または**和空間**という．

直和

定義 10.2． V の部分空間 U_1, U_2 に対して

(1) $V = U_1 + U_2$　　(2) $U_1 \cap U_2 = \{\mathbf{0}\}$

が成り立つとき，V は U_1 と U_2 の**直和**に分解されるといい，$V = U_1 \oplus U_2$ と表す．

補空間

定義 10.3． $V = U \oplus U'$ となるとき，U' を U の**補空間**という．特に，

$$U^{\perp} = \{\boldsymbol{a} \in V | \forall \boldsymbol{x} \in U \text{ に対して } (\boldsymbol{a}, \boldsymbol{x}) = 0\}$$

を U の**直交補空間**という．

和空間・直和（部分空間が 3 つ以上の場合）

定義 10.4． $U_1, U_2, \ldots, U_r$ が V の部分空間であるとき**和空間** $U_1 + U_2 + \cdots + U_r$ および**直和** $U_1 \oplus U_2 \oplus \cdots \oplus U_r$ を次のように定義する．

(1) $U_1 + U_2 + \cdots + U_r = \{\boldsymbol{x}_1 + \boldsymbol{x}_2 + \cdots + \boldsymbol{x}_r | \boldsymbol{x}_1 \in U_1, \boldsymbol{x}_2 \in U_2, \ldots, \boldsymbol{x}_r \in U_r\}$

(2) $V = U_1 \oplus U_2 \oplus \cdots \oplus U_r \overset{\text{def}}{\Longleftrightarrow} \forall \boldsymbol{x} \in V$ に対し，

$$\begin{cases} \boldsymbol{x} = \boldsymbol{x}_1 + \boldsymbol{x}_2 + \cdots + \boldsymbol{x}_r \\ \boldsymbol{x}_1 \in U_1, \boldsymbol{x}_2 \in U_2, \ldots, \boldsymbol{x}_r \in U_r \end{cases}$$

となる $\boldsymbol{x}_1, \boldsymbol{x}_2, \ldots, \boldsymbol{x}_r$ がただ 1 組存在する．

和空間と直和の次元

定理 10.1． U_1 と U_2 が V の部分空間であるとき，

(1) $\dim(U_1 + U_2) = \dim U_1 + \dim U_2 - \dim(U_1 \cap U_2)$

(2) $\dim(U_1 \oplus U_2) = \dim U_1 + \dim U_2$

直和と基底

定理 10.2． ベクトル空間 V が部分空間 U_1 と U_2 の直和に分解される $\overset{\text{iff}}{\Longleftrightarrow}$ U_1 と U_2 の基底を合わせたものが V の基底になる

和空間の性質

問題 10.1． U_1 と U_2 は，K ベクトル空間 V の部分空間とする．このとき，和空間 $U_1 + U_2$ は U_1 と U_2 を含む部分空間のうちで「最小のもの」であることを示せ．

（解答）

まず，$U_1 + U_2$ は V の部分空間であることを示す．

$\mathbf{0} \in U_1 + U_2$ なので，$U_1 + U_2$ は空ではない．

$\forall \boldsymbol{x}, \forall \boldsymbol{x}' \in U_1$, $\forall \boldsymbol{y}, \forall \boldsymbol{y}' \in U_2$ および $\forall \alpha, \forall \beta \in K$ に対して $\boldsymbol{x} + \boldsymbol{y} \in U_1 + U_2$, $\boldsymbol{x}' + \boldsymbol{y}' \in U_1 + U_2$ なので，U_1 と U_2 が V の部分空間であることに注意すれば，

$$\alpha(\boldsymbol{x} + \boldsymbol{y}) + \beta(\boldsymbol{x}' + \boldsymbol{y}') = (\alpha\boldsymbol{x} + \beta\boldsymbol{x}') + (\alpha\boldsymbol{y} + \beta\boldsymbol{y}') \in U_1 + U_2$$

を得るので，$U_1 + U_2$ は V の部分空間である．

次に，和空間 $U_1 + U_2$ は U_1 と U_2 を含む部分空間のうちで「最小のもの」であることを示す．

U_1 と U_2 はいずれもゼロベクトル $\mathbf{0}$ を含むので，$U_1 \subset U_1 + U_2$ かつ $U_2 \subset U_1 + U_2$ である．一方，$U_1 \subset V'$ かつ $U_2 \subset V'$ を満たす任意の V の

部分空間 V' は和について閉じているという部分空間の性質（$\forall \boldsymbol{x}, \forall \boldsymbol{y} \in V' \Longrightarrow \boldsymbol{x}+\boldsymbol{y} \in V'$）より $U_1 + U_2 \subset V'$ である（$\boldsymbol{x} \in U_1$, $\boldsymbol{y} \in U_2$ と考える）．これは，$U_1 + U_2$ が U_1 と U_2 を含む最小の部分空間であることを意味する． ■

【評価基準・注意】==============================

- 後半部分は，任意の 部分空間 V' に対して $U_1 + U_2 \subset V'$ が成り立ったのだから，$U_1 + U_2$ が最小であると結論付けることができる．

====================================

直和の性質

問題 10.2． 直和の条件 (1)(2) は「$\forall \boldsymbol{x} \in V$ に対し，$\boldsymbol{x} = \boldsymbol{x}_1 + \boldsymbol{x}_2$ となる $\boldsymbol{x}_1 \in U_1, \boldsymbol{x}_2 \in U_2$ が一意に存在する」と言い換えることができる．なぜか？

（解答）

条件 (1) は，$\forall \boldsymbol{x} \in V$ に対して $\boldsymbol{x} = \boldsymbol{x}_1 + \boldsymbol{x}_2$ となる $\boldsymbol{x}_1 \in U_1$, $\boldsymbol{x}_2 \in U_2$ が存在することと同値である．

また，$\boldsymbol{x}_1 + \boldsymbol{x}_2 = \boldsymbol{x}_1' + \boldsymbol{x}_2' (\boldsymbol{x}_1, \boldsymbol{x}_1' \in U_1, \boldsymbol{x}_2, \boldsymbol{x}_2' \in U_2)$ とすると，

$\boldsymbol{x}_1 - \boldsymbol{x}_1' = \boldsymbol{x}_2' - \boldsymbol{x}_2$ であり，部分空間の性質より $\boldsymbol{x}_1 - \boldsymbol{x}_1' \in U_1$,

$\boldsymbol{x}_2' - \boldsymbol{x}_2 \in U_2$ が成り立つので $\boldsymbol{x}_1 - \boldsymbol{x}_1' \in U_1 \cap U_2$ かつ $\boldsymbol{x}_2' - \boldsymbol{x}_2 \in U_1 \cap U_2$ である．これと，条件 (2) より，$\boldsymbol{x}_1 - \boldsymbol{x}_1' = \boldsymbol{x}_2' - \boldsymbol{x}_2 = \boldsymbol{0}$ が成り立つので，

結局，$\boldsymbol{x}_1 = \boldsymbol{x}_1'$ かつ $\boldsymbol{x}_2 = \boldsymbol{x}_2'$ を得る．これは，$\boldsymbol{x} = \boldsymbol{x}_1 + \boldsymbol{x}_2$ となる

$\boldsymbol{x}_1 \in U_1, \boldsymbol{x}_2 \in U_2$ が一意に存在することを意味する． ■

【評価基準・注意】==============================

- $\boldsymbol{x}_1 + \boldsymbol{x}_2 = \boldsymbol{x}'_1 + \boldsymbol{x}'_2$ とおくのは，$\boldsymbol{x} = \boldsymbol{x}_1 + \boldsymbol{x}_2$ と $\boldsymbol{x} = \boldsymbol{x}'_1 + \boldsymbol{x}'_2$ という 2 つの表現があったと仮定して，$\boldsymbol{x}_1 = \boldsymbol{x}'_1$ かつ $\boldsymbol{x}_2 = \boldsymbol{x}'_2$ を示したいからである．

======================================

■■■ 演習問題 ■■■■■■■■■■■■■■■■■■■■■■■■■■

演習問題 10.1

ベクトル空間 V を固定して，その部分空間 U_1 と U_2 が与えられた場合を考える．このとき，次の問に答えよ．

(1) 和空間 $U_1 + U_2$ と直和 $U_1 \oplus U_2$ の違いについて述べよ．

(2) 和空間 $U_1 + U_2$ に加えて直和 $U_1 \oplus U_2$ を導入する利点について述べよ．

演習問題 10.2

$\mathbb{R}^3$ のベクトル $\boldsymbol{a}_1 = \begin{bmatrix} 1 \\ -1 \\ 0 \end{bmatrix}$，$\boldsymbol{a}_2 = \begin{bmatrix} 0 \\ 1 \\ -1 \end{bmatrix}$，$\boldsymbol{a}_3 = \begin{bmatrix} 1 \\ 0 \\ -1 \end{bmatrix}$ で生成される $\mathbb{R}^3$ の部分空間

$$U = L(\boldsymbol{a}_1, \boldsymbol{a}_2) = \{x\boldsymbol{a}_1 + y\boldsymbol{a}_2 | x, y \in \mathbb{R}\}$$
$$W = L(\boldsymbol{a}_1, \boldsymbol{a}_3) = \{z\boldsymbol{a}_1 + w\boldsymbol{a}_3 | z, w \in \mathbb{R}\}$$

を考える．このとき，$U + W = U$ となることを示せ．

Section 10.2
不変部分空間と直和分解

不変部分空間

定義 10.5． ベクトル空間 V 上の線形変換 $f : V \to V$ に対し，V の部分空間 U が

$$f(U) \subset U \qquad \text{すなわち，「}\forall \boldsymbol{x} \in U \text{ について } f(\boldsymbol{x}) \in U\text{」}$$

を満たすとき，U は$f-$不変あるいは f の不変部分空間（または安定部分空間）などという．

不変部分空間と表現行列

定理 10.3 . n 次元ベクトル空間 V 上の線形変換 $f: V \to V$ において V のある部分空間 W が $f-$ 不変ならば，V の適当な基底について f は

$$\begin{bmatrix} * & * \\ O & * \end{bmatrix} \quad \text{または} \quad \begin{bmatrix} * & O \\ * & * \end{bmatrix}$$

という形の n 次正方行列で表すことができる.

直和分解と表現行列

定理 10.4 . ベクトル空間 V と，V 上の線形変換 f に対し，
V が $f-$ 不変な部分空間 W_1, W_2 の直和に分解することができれば，すなわち，

$$\begin{cases} V = W_1 \oplus W_2 \\ W_1, W_2 \text{は } f - \text{不変な } V \text{ の部分空間} \end{cases}$$

となる W_1, W_2 が存在すれば，適当な V の基底について，f は

$$\begin{bmatrix} * & O \\ O & * \end{bmatrix} \begin{matrix} \updownarrow \dim W_1 \\ \updownarrow \dim W_2 \end{matrix} \quad \text{あるいは} \quad \begin{bmatrix} * & O \\ O & * \end{bmatrix} \begin{matrix} \updownarrow \dim W_2 \\ \updownarrow \dim W_1 \end{matrix}$$

という形の行列で表される.

直和分解と表現行列（不変部分空間が 3 つ以上の場合）

定理 10.5 . ベクトル空間 V と，V 上の線形変換 f について

$$\begin{cases} V = W_1 \oplus W_2 \oplus \cdots \oplus W_k \\ W_1, W_2, \ldots, W_k \text{は } f - \text{不変な } V \text{ の部分空間} \end{cases}$$

となるならば，適当な V の基底に対し，f は

$$\begin{bmatrix} \boxed{*} & & & \\ & \boxed{*} & O & \\ & O & \ddots & \\ & & & \boxed{*} \end{bmatrix}$$

という形の行列で表される．対角線上の各正方行列の大きさは，$W_1, W_2, \ldots, W_k$ の次元に対応する．

1 次元不変部分空間への直和分解と表現行列

系 10.1． V が n 個の $f-$ 不変な 1 次元部分空間の直和に分解できるとき，すなわち，

$$\begin{cases} V = W_1 \oplus W_2 \oplus \cdots \oplus W_n \\ W_1, W_2, \ldots, W_n \text{は} f - \text{不変な 1 次元部分空間} \end{cases}$$

となるとき，f は

$$\begin{bmatrix} * & & & \\ & * & O & \\ & O & \ddots & \\ & & & * \end{bmatrix}$$

という形の行列で表せる．

不変部分空間

問題 10.3． $\mathbb{R}^n$ 上の線形変換 f に対して $\mathrm{Ker}(f)$ および $\mathrm{Im}(f)$ は f の不変部分空間であることを示せ．

（解答）

$\forall \boldsymbol{x}, \forall \boldsymbol{y} \in \mathrm{Ker}(f)$ および $\forall \alpha, \forall \beta \in K$ に対して

$f(\alpha \boldsymbol{x} + \beta \boldsymbol{y}) = \alpha f(\boldsymbol{x}) + \beta f(\boldsymbol{y}) = \boldsymbol{0}$ なので，$\alpha \boldsymbol{x} + \beta \boldsymbol{y} \in \mathrm{Ker}(f)$ である．よって，$\mathrm{Ker}(f)$ は $\mathbb{R}^n$ の部分空間である．また，$\forall \boldsymbol{x} \in \mathrm{Ker} f$ に対して $f(\boldsymbol{x}) = \boldsymbol{0} \in \mathrm{Ker} f$ なので $f(\mathrm{Ker}(f)) \subset \mathrm{Ker}(f)$ である．よって，$\mathrm{Ker}(f)$ は f の不変部分空間である．

次に，$\forall \boldsymbol{y}_1, \forall \boldsymbol{y}_2 \in \mathrm{Im}(f)$, $\forall \alpha, \forall \beta \in K$ とすると，それらは $\boldsymbol{x}_1, \boldsymbol{x}_2 \in \mathbb{R}^n$ を用いて $\boldsymbol{y}_1 = f(\boldsymbol{x}_1)$, $\boldsymbol{y}_2 = f(\boldsymbol{x}_2)$ と表せる．よって，

$$\alpha \boldsymbol{y}_1 + \beta \boldsymbol{y}_2 = \alpha f(\boldsymbol{x}_1) + \beta f(\boldsymbol{x}_2) = f(\alpha \boldsymbol{x}_1 + \beta \boldsymbol{x}_2) \qquad (*)$$

である．$\mathbb{R}^n$ はベクトル空間なので，$\alpha \boldsymbol{x}_1 + \beta \boldsymbol{x}_2 \in \mathbb{R}^n$ であるから $(*)$ は $\alpha \boldsymbol{y}_1 + \beta \boldsymbol{y}_2 \in \mathrm{Im}(f)$ を意味する．よって，$\mathrm{Im}(f)$ は $\mathbb{R}^n$ の部分空間である．また，$\forall \boldsymbol{x} \in \mathrm{Im}(f)$ に対して $f(\boldsymbol{x}) \in \mathrm{Im}(f)$ なので $f(\mathrm{Im}(f)) \subset \mathrm{Im}(f)$ である．よって，$\mathrm{Im}(f)$ は f の不変部分空間である． ■

【評価基準・注意】==============================

- $\mathrm{Ker} f = \{\boldsymbol{0}\}$ ではない．$\forall \boldsymbol{x} \in \mathrm{Ker}(f)$ に対して $f(\boldsymbol{x}) = 0$ となるのである．
- ここでは次元公式は関係ない．
- $f(\boldsymbol{x}) \in \dim \mathrm{Ker}(f)$ とか $f(\boldsymbol{x}) = \mathrm{Ker}(f)$ などとしないように．
- $\mathrm{Ker}(f) \subset f$ や $\mathrm{Im}(f) \subset f$ としないように．f は写像であるが，$\mathrm{Ker}(f)$ や $\mathrm{Im}(f)$ は空間である．違うものの包含関係を考えてはいけない．
- $\forall \boldsymbol{x} \in \mathrm{Ker}(f)$ や $\forall \boldsymbol{x} \in \mathrm{Im}(f)$ を $\forall \boldsymbol{x} \in \mathbb{R}^n$ としないように．
- 本問では，$\mathrm{Ker}(f) \in \mathbb{R}^n$ や $\mathrm{Im}(f) \in \mathbb{R}^n$ を示しても意味がない．
- $\mathrm{Im}(f) \in \mathrm{Im}(f)$ などとしないように．$\mathrm{Im}(f)$ は空間なので，$\mathrm{Im}(f) \subset \mathrm{Im}(f)$ とは書けても $\mathrm{Im}(f) \in \mathrm{Im}(f)$ とは書けない．
- 何の説明もなく「$f(\mathrm{Ker}(f)) \subset \mathrm{Ker}(f)$ である」とか「$f(\mathrm{Im}(f)) \subset \mathrm{Im}(f)$ である」と書いているものは 0 点．
- 本問では $\mathrm{Ker}(f)$ や $\mathrm{Im}(f)$ が部分空間であること（だけ）を示しても意味がない．

==

不変部分空間と直和分解

問題 10.4 . $V = \mathbb{R}^5$ 上の線形変換 f を考える．このとき，次の問に答えよ．

(a) V が $f-$ 不変な 1 次元部分空間 W_1, W_2, W_3, W_4, W_5 の直和に分解できるとき，f はどのような行列で表すことができるか？該当するものを解答群からすべて選び，その番号を書け．

(b) V が $f-$ 不変な部分空間 W_1, W_2 の直和に分解できるとき，f はどのような行列で表すことができるか？ 該当するものを解答群からすべて選び，その番号を書け．ただし，$\dim W_1 = 2$, $\dim W_2 = 3$ とする．

(c) V が $f-$ 不変な部分空間 W_1, W_2, W_3 の直和に分解できるとき，f はどのような行列で表すことができるか？ 該当するものを解答群からすべて選び，その番号を書け．ただし，$\dim W_1 = 1$, $\dim W_2 = 2, \dim W_3 = 2$ とする．

(解答群)

$$(1)\begin{bmatrix} * & 0 & 0 & 0 & 0 \\ 0 & * & 0 & 0 & 0 \\ 0 & 0 & * & 0 & 0 \\ 0 & 0 & 0 & * & 0 \\ 0 & 0 & 0 & 0 & * \end{bmatrix} \quad (2)\begin{bmatrix} 0 & 0 & 0 & * & * \\ 0 & 0 & 0 & * & * \\ 0 & * & * & 0 & 0 \\ 0 & * & * & 0 & 0 \\ * & 0 & 0 & 0 & 0 \end{bmatrix} \quad (3)\begin{bmatrix} * & * & 0 & 0 & 0 \\ * & * & 0 & 0 & 0 \\ 0 & 0 & * & * & 0 \\ 0 & 0 & * & * & 0 \\ 0 & 0 & 0 & 0 & * \end{bmatrix}$$

$$(4)\begin{bmatrix} 0 & 0 & 0 & 0 & * \\ 0 & 0 & 0 & * & 0 \\ 0 & 0 & * & 0 & 0 \\ 0 & * & 0 & 0 & 0 \\ * & 0 & 0 & 0 & 0 \end{bmatrix} \quad (5)\begin{bmatrix} * & 0 & 0 & 0 & 0 \\ 0 & * & * & 0 & 0 \\ 0 & * & * & 0 & 0 \\ 0 & 0 & 0 & * & * \\ 0 & 0 & 0 & * & * \end{bmatrix} \quad (6)\begin{bmatrix} 0 & 0 & 0 & * & * \\ 0 & 0 & 0 & * & * \\ 0 & 0 & * & 0 & 0 \\ * & * & 0 & 0 & 0 \\ * & * & 0 & 0 & 0 \end{bmatrix}$$

$$(7)\begin{bmatrix} * & * & 0 & 0 & 0 \\ * & * & 0 & 0 & 0 \\ 0 & 0 & * & * & * \\ 0 & 0 & * & * & * \\ 0 & 0 & * & * & * \end{bmatrix} \quad (8)\begin{bmatrix} * & * & * & 0 & 0 \\ * & * & * & 0 & 0 \\ * & * & * & 0 & 0 \\ 0 & 0 & 0 & * & * \\ 0 & 0 & 0 & * & * \end{bmatrix} \quad (9)\begin{bmatrix} 0 & 0 & 0 & * & * \\ 0 & 0 & 0 & * & * \\ * & * & * & 0 & 0 \\ * & * & * & 0 & 0 \\ * & * & * & 0 & 0 \end{bmatrix}$$

$$(10)\begin{bmatrix} 0 & 0 & 0 & 0 & * \\ 0 & 0 & * & * & 0 \\ 0 & 0 & * & * & 0 \\ * & * & 0 & 0 & 0 \\ * & * & 0 & 0 & 0 \end{bmatrix} \quad (11)\begin{bmatrix} 0 & 0 & * & * & * \\ 0 & 0 & * & * & * \\ 0 & 0 & * & * & * \\ * & * & 0 & 0 & 0 \\ * & * & 0 & 0 & 0 \end{bmatrix} \quad (12)\begin{bmatrix} * & * & 0 & 0 & 0 \\ * & * & 0 & 0 & 0 \\ 0 & 0 & * & 0 & 0 \\ 0 & 0 & 0 & * & * \\ 0 & 0 & 0 & * & * \end{bmatrix}$$

（解答） (a) 1　　(b) 7, 8　　(c) 3, 5, 12

【評価基準・注意】==============================

- 各不変部分空間 $W_1, W_2, W_3, \ldots$ の基底の並べ方によって行列の形が決まることに注意せよ．また，必ずしも $W_1, W_2, W_3, \ldots$ 順に並べる必要はない．

==============================

演習問題

演習問題 10.3

$A = \begin{bmatrix} 1 & -3 & 1 & -1 \\ -2 & 2 & 0 & 2 \\ 0 & 0 & 1 & -7 \\ 0 & 0 & 5 & 6 \end{bmatrix}$ が定める線形変換 $f_A : \mathbb{R}^4 \to \mathbb{R}^4$ に対し，

$\boldsymbol{p}_1 = \begin{bmatrix} 1 \\ -2 \\ 0 \\ 0 \end{bmatrix}$，$\boldsymbol{p}_2 = \begin{bmatrix} -3 \\ 2 \\ 0 \\ 0 \end{bmatrix}$ で生成される部分空間 $V = L(\boldsymbol{p}_1, \boldsymbol{p}_2)$ は f_A の不変部分空間であることを示せ．

演習問題 10.4

$V = \mathbb{R}^4$ 上の線形変換 f を考える．このとき，次の問に答えよ．

(a) V が $f-$ 不変な部分空間 W_1, W_2 の直和に分解できるとき，f はどのような行列で表すことができるか？ 該当するものを解答群からすべて選び，その番号を書け．ただし，$\dim W_1 = 1, \dim W_2 = 3$ とする．

(b) V が $f-$ 不変な部分空間 W_1, W_2, W_3 の直和に分解できるとき，f はどのような行列で表すことができるか？ 該当するものを解答群からすべて選び，その番号を書け．ただし，$\dim W_1 = 1, \dim W_2 = 1, \dim W_3 = 2$ とする．

(c) V が $f-$ 不変な 1 次元部分空間 W_1, W_2, W_3, W_4 の直和に分解できるとき，f はどのような行列で表すことができるか？該当するものを解答群からすべて選び，その番号を書け．

（解答群）

(1) $\begin{bmatrix} 0 & 0 & 0 & * \\ 0 & 0 & * & 0 \\ * & * & 0 & 0 \\ * & * & 0 & 0 \end{bmatrix}$　(2) $\begin{bmatrix} * & 0 & 0 & 0 \\ 0 & * & * & * \\ 0 & * & * & * \\ 0 & * & * & * \end{bmatrix}$　(3) $\begin{bmatrix} * & * & 0 & 0 \\ * & * & 0 & 0 \\ 0 & 0 & * & 0 \\ 0 & 0 & 0 & * \end{bmatrix}$　(4) $\begin{bmatrix} 0 & 0 & 0 & * \\ 0 & 0 & * & 0 \\ 0 & * & 0 & 0 \\ * & 0 & 0 & 0 \end{bmatrix}$

(5) $\begin{bmatrix} * & * & * & 0 \\ * & * & * & 0 \\ * & * & * & 0 \\ 0 & 0 & 0 & * \end{bmatrix}$　(6) $\begin{bmatrix} * & 0 & 0 & 0 \\ 0 & * & 0 & 0 \\ 0 & 0 & * & 0 \\ 0 & 0 & 0 & * \end{bmatrix}$　(7) $\begin{bmatrix} * & 0 & 0 & 0 \\ 0 & * & 0 & 0 \\ 0 & 0 & * & * \\ 0 & 0 & * & * \end{bmatrix}$　(8) $\begin{bmatrix} * & 0 & 0 & 0 \\ 0 & * & * & 0 \\ 0 & * & * & 0 \\ 0 & 0 & 0 & * \end{bmatrix}$

(9) $\begin{bmatrix} 0 & 0 & 0 & * \\ * & * & * & 0 \\ * & * & * & 0 \\ * & * & * & 0 \end{bmatrix}$　(10) $\begin{bmatrix} 0 & 0 & 0 & * \\ 0 & * & * & 0 \\ 0 & * & * & 0 \\ * & 0 & 0 & 0 \end{bmatrix}$

第11章 固有値と行列の対角化

Section 11.1 固有値と固有ベクトル

行列の固有値・固有ベクトル

定義 11.1 . 与えられた n 次正方行列 A およびスカラー $\lambda \in \mathbb{C}$ に対し，

$$A\boldsymbol{a} = \lambda \boldsymbol{a} \quad \text{かつ} \quad \boldsymbol{a} \neq \boldsymbol{0} \tag{11.1}$$

となる $\boldsymbol{a}$ が存在するとき，$\lambda \in \mathbb{C}$ を A の**固有値**という．また，この $\boldsymbol{a}$ を固有値 λ に属する A の**固有ベクトル**という．

固有空間

定義 11.2 . 線形変換 f の固有値 λ を固定して（この λ に属する固有ベクトル全体に $\boldsymbol{0}$ をつけ加えた）

$$V_\lambda = \{\boldsymbol{a} \in V | f(\boldsymbol{a}) = \lambda \boldsymbol{a}\}$$

を考えると，これは V の部分空間となる．この V_λ を固有値 λ に属する f の**固有空間**という．

固有多項式・固有方程式

定義 11.3． n 次正方行列 A に対し，x の n 次多項式 $\det(xE_n - A)$ を A の**固有多項式**といい，方程式 $\det(xE_n - A) = 0$ を A の**固有方程式**という．なお，A の固有多項式を $\Phi_A(x), \varphi_A(x), \chi_A(x)$ などと表す．

固有値と固有方程式

定理 11.1． n 次正方行列 A の固有値は，x についての方程式 $\det(A - xE_n) = 0$ の（体 K に含まれる）解である．

実際の計算では，$\det(A - xE_n) = 0$ の代わりに $\det(xE_n - A) = 0$ を使ってもよい．

固有値と固有空間の導出

問題 11.1． $A = \begin{bmatrix} 1 & -1 & -1 \\ -1 & 1 & -1 \\ 1 & 1 & 3 \end{bmatrix}$ の固有値とそれに属する固有空間を求めよ

（解答）

$$|\lambda E_3 - A| = \begin{vmatrix} \lambda-1 & 1 & 1 \\ 1 & \lambda-1 & 1 \\ -1 & -1 & \lambda-3 \end{vmatrix} \underset{\text{第 2 行に第 3 行を加える}}{=\!=} \begin{vmatrix} \lambda-1 & 1 & 1 \\ 0 & \lambda-2 & \lambda-2 \\ -1 & -1 & \lambda-3 \end{vmatrix} \underset{\text{第 2 列から第 3 列を引く}}{=\!=} \begin{vmatrix} \lambda-1 & 0 & 1 \\ 0 & 0 & \lambda-2 \\ -1 & 2-\lambda & \lambda-3 \end{vmatrix}$$

$$\underset{\text{第 2 行で展開}}{=\!=} (\lambda-2)(-1)^{2+3} \begin{vmatrix} \lambda-1 & 0 \\ -1 & 2-\lambda \end{vmatrix} = (2-\lambda)^2(\lambda-1).$$

$|A - \lambda E_3| = 0$ より，固有値は $\lambda_1 = 1, \lambda_2 = 2$.

$\lambda_1 = 1$ に属する固有ベクトルは，$(A - E_3)\boldsymbol{x} = \mathbf{0}$ より

$$\begin{bmatrix} 1 & -1 & -1 \\ -1 & 1 & -1 \\ 1 & 1 & 3 \end{bmatrix} \begin{bmatrix} x_1 \\ x_2 \\ x_3 \end{bmatrix} = \begin{bmatrix} x_1 \\ x_2 \\ x_3 \end{bmatrix}$$ なので，これを解いて $\begin{cases} x_2 = -x_3 \\ x_1 = -x_3 \end{cases}$

を得る．よって，固有ベクトルは，$\begin{bmatrix} x_1 \\ x_2 \\ x_3 \end{bmatrix} = \begin{bmatrix} -x_3 \\ -x_3 \\ x_3 \end{bmatrix} = x_3 \begin{bmatrix} -1 \\ -1 \\ 1 \end{bmatrix}$ より

$\begin{bmatrix} -1 \\ -1 \\ 1 \end{bmatrix}$ である．よって，固有空間は $V(1) = L\left(\begin{bmatrix} -1 \\ -1 \\ 1 \end{bmatrix}\right)$ である．

$\lambda_2 = 2$ に属する固有ベクトルは $(A - 2E_3)\boldsymbol{x} = \mathbf{0}$ より

$$\begin{bmatrix} -1 & -1 & -1 \\ -1 & -1 & -1 \\ 1 & 1 & 1 \end{bmatrix} \begin{bmatrix} x_1 \\ x_2 \\ x_3 \end{bmatrix} = \begin{bmatrix} 0 \\ 0 \\ 0 \end{bmatrix}$$ なので，これを解いて $x_3 = -x_1 - x_2$ を得る．よって，固有ベクトルは

$$\begin{bmatrix} x_1 \\ x_2 \\ x_3 \end{bmatrix} = \begin{bmatrix} x_1 \\ x_2 \\ -x_1 - x_2 \end{bmatrix} = x_1 \begin{bmatrix} 1 \\ 0 \\ -1 \end{bmatrix} + x_2 \begin{bmatrix} 0 \\ 1 \\ -1 \end{bmatrix}$$ より，$\begin{bmatrix} 1 \\ 0 \\ -1 \end{bmatrix}$ と $\begin{bmatrix} 0 \\ 1 \\ -1 \end{bmatrix}$

である．これらのベクトルは一次独立なので，固有空間は

$V(2) = L\left(\begin{bmatrix} 1 \\ 0 \\ -1 \end{bmatrix}, \begin{bmatrix} 0 \\ 1 \\ -1 \end{bmatrix}\right)$ である． ■

【評価基準・注意】==========================

- 固有ベクトルは解答例以外にも存在する．$A\boldsymbol{x} = \lambda\boldsymbol{x}, \boldsymbol{x} \neq \mathbf{0}$ を満たす $\boldsymbol{x}$ はすべて固有ベクトルである．
- 例えば，$\lambda_1 = 1$ に属する固有ベクトルは $x_3 = 1$ として $\begin{bmatrix} -1 \\ -1 \\ 1 \end{bmatrix}$ と選んでもよい．

- 固有値 $\lambda_2 = 2$ に属する固有ベクトルは，$x_1 = x_2 = 1$ として $\begin{bmatrix} 1 \\ 0 \\ -1 \end{bmatrix} + \begin{bmatrix} 0 \\ 1 \\ -1 \end{bmatrix} = \begin{bmatrix} 1 \\ 1 \\ -2 \end{bmatrix}$ としてもよい．しかし，このようにしてしまうと固有ベクトルは 1 つしか求まらない．
- $\lambda_2 = 2$ に属する固有ベクトルは，$x_1 = -x_2 - x_3$, $x_2 = s$, $x_3 = t$ として $\begin{bmatrix} x_1 \\ x_2 \\ x_3 \end{bmatrix} = \begin{bmatrix} -s-t \\ s \\ t \end{bmatrix} = s\begin{bmatrix} -1 \\ 1 \\ 0 \end{bmatrix} + t\begin{bmatrix} -1 \\ 0 \\ 1 \end{bmatrix}$ より，$\begin{bmatrix} -1 \\ 1 \\ 0 \end{bmatrix}$, $\begin{bmatrix} -1 \\ 0 \\ 1 \end{bmatrix}$ としてもよい．

====================================

固有ベクトルと不変部分空間

問題 11.2． ベクトル空間 V 上の線形変換 $f : V \to V$ が与えられたとする．このとき，ベクトル $\boldsymbol{a}$ が f の固有値 λ に属する固有ベクトルとすれば，$\boldsymbol{a}$ で生成される空間 $L(\boldsymbol{a}) = \{k\boldsymbol{a} | k \in \mathbb{C}\}$ は $f-$ 不変であることを示せ．

(解答)

$\forall \boldsymbol{x} \in L(\boldsymbol{a})$ に対して，$f(\boldsymbol{x}) \in L(\boldsymbol{a})$ であることを示せばよい．

$\forall \boldsymbol{x} \in L(\boldsymbol{a})$ は $\boldsymbol{x} = k\boldsymbol{a} (k \in \mathbb{C})$ と表すことができるから，f の線形性より

$$f(\boldsymbol{x}) = f(k\boldsymbol{a}) = kf(\boldsymbol{a}) \tag{$*$}$$

である．一方，$\boldsymbol{a}$ は f の固有値 λ に属する固有ベクトルなので，

$$f(\boldsymbol{a}) = \lambda \boldsymbol{a}$$

が成り立ち，これを $(*)$ へ代入すると

$$f(\boldsymbol{x}) = k\lambda\boldsymbol{a} \in L(\boldsymbol{a})$$

が成り立つ． ■

【評価基準・注意】==============================

- この問題の主張は「固有空間は，1 次元 $f-$ 不変部分空間に対応している」ことを意味している．ここで,「対応している」としたのは，必ずしも**固有空間の次元が 1 次元とは限らない**からである．実際，問題 11.1 において固有値 $\lambda = 2$ に属する一次独立な固有ベクトルが 2 つ存在している．このときの固有空間の次元は 2 である．

==============================

固有値と固有ベクトル

問題 11.3． n 次正方行列 A の異なる 2 つの固有値を $\lambda_i, \lambda_j (i \neq j)$ とする．このとき，λ_i, λ_j に属する固有ベクトルをそれぞれ $\boldsymbol{p}_i, \boldsymbol{p}_j$ とするとき，$\boldsymbol{p}_i, \boldsymbol{p}_j$ が異なることを示せ．

（解答）

仮定より，$A\boldsymbol{p}_i = \lambda_i \boldsymbol{p}_i$, $A\boldsymbol{p}_j = \lambda_j \boldsymbol{p}_j$, $\boldsymbol{p}_i \neq \boldsymbol{0}$, $\boldsymbol{p}_j \neq \boldsymbol{0}$ である．ここで，$\boldsymbol{p}_i = \boldsymbol{p}_j$ とすると $A\boldsymbol{p}_i = \lambda_i \boldsymbol{p}_i$, $A\boldsymbol{p}_i = \lambda_j \boldsymbol{p}_i$ なので，$(\lambda_i - \lambda_j)\boldsymbol{p}_i = \boldsymbol{0}$ となり，$\boldsymbol{p}_i \neq \boldsymbol{0}$ より $\lambda_i = \lambda_j$ となり仮定に矛盾する．よって，$\boldsymbol{p}_i \neq \boldsymbol{p}_j$ である．

■

■■■ 演習問題 ■■■■■■■■■■■■■■■■■■■■■■■■

演習問題 11.1

n 次正方行列 A を $A = \begin{bmatrix} 2 & 1 & 1 \\ 1 & 2 & 1 \\ 1 & 1 & 2 \end{bmatrix}$ の固有値とそれに属する固有ベクトルを求めよ．

演習問題 11.2

ここでは，体 K を複素数体 $\mathbb{C}$ とする．このとき，次の問に答えよ．

(1) n 次正方行列 A の固有値を λ とするとき，λ に属する固有空間 $V(\lambda)$ の定義を書け．

(2) $\dim V(\lambda) = n - \mathrm{rank}(\lambda E_n - A)$ となることを示せ．

演習問題 11.3

正則な n 次正方行列 A の固有値を λ とするとき，その逆行列 A^{-1} の固有値は $\frac{1}{\lambda}$ であることを示せ．ただし，$\lambda \neq 0$ とする．

演習問題 11.4
エルミート行列の固有値は実数であり，異なる固有値に属する固有ベクトルは直交することを示せ．ただし，$K = \mathbb{C}$ とする．

演習問題 11.5
行列 $A = \begin{bmatrix} 3 & -2 \\ 1 & 0 \end{bmatrix}$ の表す $\mathbb{R}^2$ 上の線形変換 $f_A : \begin{bmatrix} x \\ y \end{bmatrix} \mapsto \begin{bmatrix} 3x - 2y \\ x \end{bmatrix}$ に対し，次の問に答えよ．

(1) $\boldsymbol{p}_1 = \begin{bmatrix} 1 \\ 1 \end{bmatrix}$ および $\boldsymbol{p}_2 = \begin{bmatrix} 2 \\ 1 \end{bmatrix}$ がそれぞれ f_A の固有値 1 および 2 に属する固有ベクトルであることを示せ．
(2) 固有値 1 および 2 に属する f_A の固有空間をそれぞれ求めよ．
(3) $\mathbb{R}^2$ の基底として $\{\boldsymbol{p}_1, \boldsymbol{p}_2\}$ をとれば，$f_A = A$ はどのように表すことができるか？
(4) A^n を計算せよ．

演習問題 11.6
行列 $A = \begin{bmatrix} -3 & 1 & 1 \\ 0 & -2 & 0 \\ -1 & 1 & -1 \end{bmatrix}$ の固有値とそれに属する固有空間を求めよ．

演習問題 11.7
$K = \mathbb{R}$ のとき，$A = \begin{bmatrix} 0 & 1 \\ -1 & 0 \end{bmatrix}$ の固有値と固有ベクトルが存在しないことを示せ．

Section 11.2
対角化とその条件

対角化可能

定義 11.4 . n 次正方行列 A が適当な正則行列 P によって,

$$P^{-1}AP = \begin{bmatrix} \lambda_1 & & & \\ & \lambda_2 & & \\ & & \ddots & \\ & & & \lambda_n \end{bmatrix}$$

と変形できるとき, A は**対角化可能**であるという. また, このとき P を A の**対角化行列**という.

対角化可能性と固有ベクトル

定理 11.2 . n 次正方行列 A が対角化可能 $\overset{\text{iff}}{\Longleftrightarrow}$ 一次独立な n 個の A の固有ベクトルが存在する

相異なる固有値とその固有ベクトル

定理 11.3 . $\lambda_1, \lambda_2, \ldots, \lambda_k \in K$ が n 次正方行列 A の相異なる固有値だとすると, それぞれに属する固有ベクトル $\boldsymbol{p}_1, \boldsymbol{p}_2, \ldots, \boldsymbol{p}_k$ は一次独立である.

対角化可能性と固有値

定理 11.4 . n 次正方行列 A が相異なる n 個の固有値 $\lambda_1, \lambda_2, \ldots, \lambda_n \in K$ を持てば A は対角化可能，すなわち，A はある正則行列 P によって

$$P^{-1}AP = \begin{bmatrix} \lambda_1 & & & \\ & \lambda_2 & & \\ & & \ddots & \\ & & & \lambda_n \end{bmatrix}$$

となる．

（注意）この定理の逆は成り立たない．つまり，A が n 個の相異なる固有値を持たなくても対角化できることがある．

重複度

定義 11.5 . 多項式 $f(x)$ で表される方程式

$$f(x) = 0$$

において，$f(x)$ が $(x-\alpha)^m$ で割り切れるが $(x-\alpha)^{m+1}$ では割り切れないような定数 α と自然数 m が存在するとき，α はこの方程式の m **重解**（または m **重根**）であるといい，m を α の**重複度**と呼ぶ．

固有方程式の重解と固有ベクトル

定理 11.5 . n 次正方行列 A の固有方程式

$$\Phi_A(x) = 0$$

が $x = \lambda$ を m 重解に持つとき，固有値 λ に属する一次独立な固有ベクトルは高々m 個しかとれない．

対角化可能であるための必要十分条件

定理 11.6． n 次正方行列 A が対角化可能であるための必要十分条件は

$$\Phi_A(x) = 0$$

が体 K において重複度を考慮して n 個の解を持ち，その相異なる値を $\lambda_1, \lambda_2, \ldots, \lambda_s$，また，それぞれの重複度を $m_1, m_2, \ldots, m_s$ とおくとき，各 λ_i に属する固有空間の次元（すなわち，一次独立な固有ベクトルの個数）がちょうど m_i になることである．

代数的重複度・幾何的重複度

定義 11.6． 定理 11.6 の固有多項式を

$$\Phi_A(x) = (x-\lambda_1)^{m_1}(x-\lambda_2)^{m_2}\cdots(x-\lambda_s)^{m_s}$$

と書くとき，$m_i(i = 1,2,\ldots,s)$ を固有値 $\lambda_i(i = 1,2,\ldots,s)$ の**代数的重複度**といい，λ_i に属する固有空間の次元（すなわち，$n-\mathrm{rank}(A-\lambda_i E_n)$）を λ_i に対する**幾何的重複度**という．
定理 11.6 より，

A が対角化可能である $\overset{\text{iff}}{\Longleftrightarrow}$ 各 λ_i に対して，
幾何的重複度 $=$ 代数的重複度

対角化可能性の判定

問題 11.4． $A = \begin{bmatrix} 2 & 1 & 1 \\ 1 & 2 & 1 \\ 0 & 0 & 1 \end{bmatrix}$ は対角化可能か？ 固有値の幾何的重複度と代数的重複度を計算することにより判定せよ．

(解答)

$$\Phi_A(\lambda) = |\lambda E_3 - A| = \begin{vmatrix} \lambda-2 & -1 & -1 \\ -1 & \lambda-2 & -1 \\ 0 & 0 & \lambda-1 \end{vmatrix} =$$

$$(-1)^{3+3}(\lambda-1)\begin{vmatrix} \lambda-2 & -1 \\ -1 & \lambda-2 \end{vmatrix} = (\lambda-1)^2(\lambda-3)$$

より，A の固有値は 1（代数的重複度 2），3 である．ここで，

$$A - E_3 = \begin{bmatrix} 1 & 1 & 1 \\ 1 & 1 & 1 \\ 0 & 0 & 0 \end{bmatrix} \to \begin{bmatrix} 1 & 0 & 0 \\ 0 & 0 & 0 \\ 0 & 0 & 0 \end{bmatrix}$$

なので，固有値 1 に対する幾何的重複度は $3 - \mathrm{rank}(A - E_3) = 3 - 1 = 2$ であり，これは代数的重複度と一致する．よって，A は対角化可能である．

■

【評価基準・注意】＝＝＝＝＝＝＝＝＝＝＝＝＝＝＝＝＝＝＝＝＝＝＝＝＝＝＝＝＝＝＝

- 定理 11.5 より固有値 3 に属する固有ベクトルは 1 つしかない，つまり，幾何的重複度が 1 であることが分かるので，この場合は幾何的重複度を調べる必要はない．
- 「重複度」を「重**復**度」としたり,「代数的」を「代**表**的」としたり,「幾何的」を「幾**可**的」としない．
- $\begin{bmatrix} 1 & 1 & 1 \\ 1 & 1 & 1 \\ 0 & 0 & 0 \end{bmatrix}$ を行列式のように $\begin{vmatrix} 1 & 1 & 1 \\ 1 & 1 & 1 \\ 0 & 0 & 0 \end{vmatrix}$ としない．行列と行列式は区別しなければならない．
- 代数的重複度と幾何的重複度を逆に覚えないようにせよ．
- $\mathrm{rank}(A - E_3)$ を幾何的重複度と勘違いしないようにせよ．

＝＝＝＝＝＝＝＝＝＝＝＝＝＝＝＝＝＝＝＝＝＝＝＝＝＝＝＝＝＝＝＝＝＝＝＝＝＝

行列の対角化

問題 11.5 ．行列 $A = \begin{bmatrix} 3 & -6 & -2 \\ 1 & -2 & -1 \\ -2 & 6 & 3 \end{bmatrix}$ に対して次の問に答えよ．

(1) A の固有値を求めよ．

(2) A のすべての固有値に対する幾何的重複度と代数的重複度を計算し，A が対角化可能であることを示せ．

(3) A を対角化し，その対角化行列 P を求めよ．

（解答）

(1)

$$|\lambda E_3 - A| = \begin{vmatrix} \lambda - 3 & 6 & 2 \\ -1 & \lambda + 2 & 1 \\ 2 & -6 & \lambda - 3 \end{vmatrix} = (\lambda - 1)^2(\lambda - 2)$$

なので A の固有値は $\lambda_1 = 1$（代数的重複度 2），$\lambda_2 = 2$ である．

(2) $\lambda_1 = 1$ に対する代数的重複度は 2 で，$\lambda_2 = 2$ に対する代数的重複度は 1 である．一方，次の (3) の計算より $\mathrm{rank}(A - E_3) = 1$，$\mathrm{rank}(A - 2E_3) = 2$ なので，$\lambda_1 = 1$ に対する幾何的重複度は $3 - \mathrm{rank}(A - E_3) = 2$，$\lambda_2 = 2$ に対する幾何的重複度は $3 - \mathrm{rank}(A - 2E_3) = 1$ である．

よって，固有値 λ_1 および λ_2 のそれぞれについて代数的重複度と幾何的重複度が一致するので対角化可能である．

(3) (2) より，固有値 1 に属する一次独立な固有ベクトルが 2 つ存在する．そこで，$\boldsymbol{x} = \begin{bmatrix} x_1 \\ x_2 \\ x_3 \end{bmatrix}$ として $(A - E_3)\boldsymbol{x} = \mathbf{0}$ を解くと

$$A - E_3 = \begin{bmatrix} 2 & -6 & -2 \\ 1 & -3 & -1 \\ -2 & 6 & 2 \end{bmatrix} \to \begin{bmatrix} 1 & -3 & -1 \\ 0 & 0 & 0 \\ 0 & 0 & 0 \end{bmatrix}$$

より，$x_3 = t,\, x_2 = s$（s, t は任意），$x_1 = 3s + t$ である．よって，

$$\begin{bmatrix} x_1 \\ x_2 \\ x_3 \end{bmatrix} = \begin{bmatrix} 3s + t \\ s \\ t \end{bmatrix} = s \begin{bmatrix} 3 \\ 1 \\ 0 \end{bmatrix} + t \begin{bmatrix} 1 \\ 0 \\ 1 \end{bmatrix}$$

なので，$\lambda_1 = 1$ の固有ベクトルとして $\boldsymbol{p}_1 = \begin{bmatrix} 3 \\ 1 \\ 0 \end{bmatrix}, \boldsymbol{p}_2 = \begin{bmatrix} 1 \\ 0 \\ 1 \end{bmatrix}$ と選ぶことができる．また，$\boldsymbol{p}_1, \boldsymbol{p}_2$ は一次独立である．

一方，$(A - 2E_3)\boldsymbol{x} = \mathbf{0}$ を解くと，

$$A - 2E_3 = \begin{bmatrix} 1 & -6 & -2 \\ 1 & -4 & -1 \\ -2 & 6 & 1 \end{bmatrix} \to \begin{bmatrix} 1 & -6 & -2 \\ 0 & 2 & 1 \\ 0 & 0 & 0 \end{bmatrix}$$

より，$x_3 = 2t$（t は任意）とすると，$x_2 = -\frac{1}{2}x_3 = -t$,
$x_1 = 6x_2 + 2x_3 = -6t + 4t = -2t$ なので $\lambda_2 = 2$ の固有ベクトルとして $\boldsymbol{p}_3 = \begin{bmatrix} -2 \\ -1 \\ 2 \end{bmatrix}$ と選ぶことができる．

$\boldsymbol{p}_1, \boldsymbol{p}_2, \boldsymbol{p}_3$ は一次独立なので求めるべき対角化行列 P は

$$P = [\boldsymbol{p}_1, \boldsymbol{p}_2, \boldsymbol{p}_3] = \begin{bmatrix} 3 & 1 & -2 \\ 1 & 0 & -1 \\ 0 & 1 & 2 \end{bmatrix}$$

であり，

$$P^{-1}AP = \begin{bmatrix} 1 & 0 & 0 \\ 0 & 1 & 0 \\ 0 & 0 & 2 \end{bmatrix}$$

である．

■

【評価基準・注意】=================================

- 「重複度」を「重解度」などとしないように．
- P によって $P^{-1}AP$ も変わるので (3) は $P^{-1}AP$ と P の両方を示さなければ意味がない．

=====================================

■■■ 演習問題 ■■■■■■■■■■■■■■■■■■■■■■■■

演習問題 11.8

n 次正方行列 A が直交行列 P によって対角化可能ならば，A は対称行列であることを示せ．

演習問題 11.9

$A = \begin{bmatrix} 1 & -1 & 1 \\ -7 & 2 & 1 \\ 2 & 1 & 2 \end{bmatrix}$ は対角化可能か？ 対角化可能ならば対角化し，その対角化行列を求めよ．

演習問題 11.10

行列 $A = \begin{bmatrix} 0 & 1 & -1 \\ -2 & 3 & -1 \\ -1 & 1 & 1 \end{bmatrix}$ が対角化可能であるかどうか判定せよ．

第12章

ジョルダン標準形

本章で解決する問題

本章で扱う問題は，対角不可能な行列（つまり，定理 11.6 の仮定を満たさない行列）に対して,「対角化もどき」を考えることができないか？ということである.

Section 12.1

ケーリー・ハミルトンの定理とフロベニウスの定理

行列多項式

定義 12.1 . 体 K の要素 $a_0, a_1, \ldots, a_m$ と文字 x を用いて

$$p(x) = a_0 + a_1 x + a_2 x^2 + \cdots + a_m x^m$$

と表される式を x についての $K-$ **係数多項式**と呼ぶ．また，n 次正方行列 $A \in M_{n\times n}(K)$ に対し,

$$p(A) = a_0 E_n + a_1 A + a_2 A^2 + \cdots + a_m A^m$$

を**行列多項式**と呼ぶ.

フロベニウスの定理

定理 12.1． $A \in M_{n\times n}(\mathbb{C})$ の固有値を（重複も含めて）λ_1, λ_2, …, λ_n とすると，任意の $\mathbb{C}$– 係数多項式

$$p(x) = a_0 + a_1x + a_2x^2 + \cdots + a_mx^m \qquad (a_0, a_1, \ldots, a_m \in \mathbb{C})$$

に対し，行列 $p(A)$ の固有値は $p(\lambda_1)$, $p(\lambda_2)$, …, $p(\lambda_n)$ で与えられる．

ケーリー・ハミルトンの定理

定理 12.2． $A \in M_{n\times n}(K)$ に対し，

$$\Phi_A(x) = \det(xE_n - A)$$

とおくと，次が成り立つ．

$$\Phi_A(A) = O \qquad \text{（零行列）}$$

ケーリーハミルトンの定理とフロベニウスの定理

問題 12.1． A を n 次複素行列とし，$m \in \mathbb{N}$ とする．このとき，次を示せ．

(1) A の固有値がすべて 0 ならば，$A^n = O$.

(2) ある m に対して，$A^m = E_n$ ならば，A の固有値の m 乗は 1 である．

（解答）

(1) A の固有値がすべて 0 ならば，A の固有多項式は

$$\Phi_A(x) = x^n$$

という形をしている．よって，ケーリー・ハミルトンの定理より

$$\Phi_A(A) = A^n = O^n$$

である．

(2) A の固有値を $\lambda_1, \dots, \lambda_n$ とし，$p(x) = x^n$ とすると，フロベニウスの定理より $p(A) = A^m$ の固有値は $\lambda_1^m, \dots, \lambda_n^m$ である．
仮定より，$A^m = E_n$ であり，E_n の固有値はすべて 1 なので

$$\lambda_1^m = \cdots = \lambda_n^m = 1$$

である．

■

演習問題

演習問題 12.1

$A = \begin{bmatrix} -2 & -3 & 0 \\ 1 & 7 & 3 \\ 0 & 1 & -2 \end{bmatrix}$ とする．このとき，次の問に答えよ．

(1) A の固有多項式 $\Phi_A(x)$ を求めよ．
(2) 行列多項式 $p(A) = A^4 - 3A^3 - 24A^2 - 28A - 9E_3$ をケーリー・ハミルトンの定理を用いて求めよ．

Section 12.2
べき零行列

べき零行列

定義 12.2． n 次正方行列 A に対し，

$$A^m = O$$

となる自然数 m が存在するとき，A は**べき零行列**であるという．

ある自然数 m について

$$A^m = O$$

となるならば，

$$n \geq m \Longrightarrow A^n = O$$

が成り立つので，このようなものの中で最小のものが重要である．

べき零行列の性質

問題 12.2． $A \neq O$ となる n 次正方行列 A に対して

$$A^m = O$$

となる自然数 m が存在すれば，$A^n = O$ であることを示せ．すなわち，$A^m = O$ となる m は n 次以下である．

（解答）

$A^m = O$ となる $m \in \mathbb{N}$ の中で，あらためて最小のものを考えることができるので，

$$A^{m-1} \neq O$$

と仮定してもよい．さて，ケーリー・ハミルトンの定理によれば，

$$\Phi_A(x) = x^n + \alpha_1 x^{n-1} + \alpha_2 x^{n-2} + \cdots + \alpha_{n-1}x + \alpha_n$$

に対して

$$\Phi_A(A) = A^n + \alpha_1 A^{n-1} + \alpha_2 A^{n-2} + \cdots + \alpha_{n-1}A + \alpha_n E_n = O$$

が成り立つ．ここで，$\alpha_1, \alpha_2, \ldots, \alpha_n \in K$ は A の成分で決まるものである．この両辺に A^{m-1} を掛けると m 乗以上のべきはすべて消えるので

$$\alpha_n A^{m-1} = O$$

だけが残る．ここで，$A^{m-1} \neq O$ だったので，$\alpha_n = 0$ でなければならない．したがって，

$$A^n + \alpha_1 A^{n-1} + \alpha_2 A^{n-2} + \cdots + \alpha_{n-1} A = O$$

である．次に，この両辺に A^{m-2} を掛けると，先程と同様にして
$\alpha_{n-1} A^{m-1} = O$ を得て，$\alpha_{n-1} = 0$ を得る．
以下，この操作を繰り返すことにより，

$$\alpha_{n-2} = 0, \quad \alpha_{n-3} = 0, \quad \cdots, \quad \alpha_2 = 0, \quad \alpha_1 = 0$$

を得る．これは，$A^n = O$ を意味する． ■

演習問題

演習問題 12.2
n 次正方行列 A について

$$A \text{ がべき零行列} \overset{\text{iff}}{\Longleftrightarrow} A^n = O$$

を示せ．

演習問題 12.3
$A = \begin{bmatrix} -1 & 1 \\ -1 & 1 \end{bmatrix}$ がべき零行列であることを示せ．

Section 12.3
ジョルダン標準形

ジョルダン行列

定義 12.3 . $r \in \mathbb{N}$ と $\alpha \in K$ に対して，次のような r 次行列を考える．

$$J_r(\alpha) = \begin{bmatrix} \alpha & 1 & & & \\ & \alpha & 1 & & \\ & & \ddots & \ddots & \\ & & & \ddots & 1 \\ & & & & \alpha \end{bmatrix}$$

この r 次正方行列 $J_r(\alpha)$ を r 次**ジョルダン細胞**という．
また，いくつかのジョルダン細胞を対角線に並べた n 次正方行列

$$\begin{bmatrix} J_{r_1}(\alpha_1) & & & \\ & J_{r_2}(\alpha_2) & & \\ & & \ddots & \\ & & & J_{r_m}(\alpha_m) \end{bmatrix} \quad ただし, n = r_1 + r_2 + \cdots + r_m$$

を n 次の**ジョルダン行列**あるいは**ジョルダン標準形**という．

広義固有空間

定義 12.4 . n 次正方行列 A とその固有値 λ に対して

$$W(\lambda) = \{\boldsymbol{x} \in K^n | (A - \lambda E_n)^n \boldsymbol{x} = \boldsymbol{0}\} = \mathrm{Ker}(f_A - \lambda \cdot id)^n$$

を固有値 λ に属する**広義固有空間**（または**一般固有空間**）という．

広義固有空間と直和分解

定理 12.3 . $A \in M_{n\times n}(\mathbb{C})$ の相異なるすべての固有値を $\alpha_1, \alpha_2, \ldots, \alpha_p$, それぞれの重複度を $m_1, m_2, \ldots, m_p$ とおけば, $\mathbb{C}^n$ は $W(\alpha_1), W(\alpha_2), \ldots, W(\alpha_p)$ の直和に分解される. すなわち,

$$\mathbb{C}^n = W(\alpha_1) \oplus W(\alpha_2) \oplus \cdots \oplus W(\alpha_p)$$

である. さらに, $\dim W(\alpha_i) = m_i (i = 1, 2, \ldots, p)$ である.

複素行列に対するジョルダン標準形の存在

定理 12.4 . 任意の $A \in M_{n\times n}(\mathbb{C})$ に対し, 適当な n 次正則複素行列 P をとると, $P^{-1}AP$ はジョルダン行列になり, そのジョルダン行列を構成するジョルダン細胞は順序の違いを除くと一意に定まる.

ジョルダン標準形を導く上で, 本質的なのは固有多項式 $\Phi_A(x)$ を 1 次の因数の積の形

$$(x-\alpha_1)^{m_1}(x-\alpha_2)^{m_2}\cdots(x-\alpha_p)^{m_p}$$

にまで因数分解できるという仮定なので, これが満たされるならば, 実行列の場合でもジョルダン標準形を得ることはできる.

実行列に対するジョルダン行列の存在

定理 12.5 . $A \in M_{n\times n}(\mathbb{R})$ に対し, その固有多項式が $\mathbb{R}-$ 係数の 1 次の因数の積にまで因数分解できるならば, 適当な n 次正則実行列 P に対し, $P^{-1}AP$ がジョルダン行列になる.

ジョルダン細胞の個数

定理 12.6． $A \in M_{n\times n}(\mathbb{C})$ の固有値を α とし，$r = \mathrm{rank}(A - \alpha E_n)$ とする．このとき，固有値 α のジョルダン細胞の個数は $n - r$ 個，つまり，固有値 α に属する A の固有空間の次元に等しい．

ジョルダン細胞の次数と個数の関係

定理 12.7． 定理 12.4 のジョルダン標準形を

$$P^{-1}AP = \begin{bmatrix} J_1 & & & \\ & J_2 & & \\ & & \ddots & \\ & & & J_k \end{bmatrix}$$

と書くとき，各 J_i の対角線にブロックとして現われる固有値 λ に属するジョルダン細胞の j 次ジョルダン細胞の個数 m_j は

$$m_j = \mathrm{rank}(A - \lambda E_n)^{j+1} - 2\mathrm{rank}(A - \lambda E_n)^j + \mathrm{rank}(A - \lambda E_n)^{j-1}$$

である．

標数

定義 12.5． λ に属する広義固有空間 $W(\lambda)$ に対して

$$(A - \lambda E_n)^k \boldsymbol{x} = \boldsymbol{0}$$

となる最小の自然数 $k (1 \leq k \leq n)$ が存在する．これを λ に対する**標数**という．

標数と代数的重複度

定理 12.8 . k を λ に属する標数とし，m を λ の代数的重複度とすると

$$\mathrm{rank}(A-\lambda E_n)^k = n-m \tag{12.1}$$

である．また，逆も成り立つ，つまり，(12.1) を満たす最小の k が標数である．

標数とジョルダン細砲の次数

定理 12.9 . 定理 12.7 の J_i に対し，固有値 λ の標数 k は最大のジョルダン細胞の次数である．

固有空間と広義固有空間

問題 12.3 . A の固有値 λ に属する固有空間を $V(\lambda)$，つまり

$$V(\lambda) = \{\boldsymbol{x} \in K^n | (A-\lambda E_n)\boldsymbol{x} = \boldsymbol{0}\}$$

とすると，$V(\lambda) \subset W(\lambda)$ であり，さらに，$W(\lambda)$ は f_A− 不変であることを示せ．

(解答)

$\forall \boldsymbol{x} \in V(\lambda)$ に対して

$$(A-\lambda E_n)\boldsymbol{x} = \boldsymbol{0}$$

が成り立つので，両辺に左から $(A-\lambda E_n)^{n-1}$ を掛けて

$$(A-\lambda E_n)^n\boldsymbol{x} = \boldsymbol{0}$$

が成り立つ．よって，$\boldsymbol{x} \in W(\lambda)$ なので，$V(\lambda) \subset W(\lambda)$ である

次に，$\forall \boldsymbol{x} \in W(\lambda)$ に対して

$$f_A(\boldsymbol{x}) = A\boldsymbol{x} = A\boldsymbol{x} - \lambda\boldsymbol{x} + \lambda\boldsymbol{x} = (A-\lambda E_n)\boldsymbol{x} + \lambda\boldsymbol{x}$$

なので，$(A-\lambda E_n)^n \boldsymbol{x} = \boldsymbol{0}$ に注意すれば，

$$\begin{aligned}(A-\lambda E_n)^n(A\boldsymbol{x}) &= (A-\lambda E_n)^n\{(A-\lambda E_n)\boldsymbol{x}+\lambda\boldsymbol{x}\}\\ &= (A-\lambda E_n)^{n+1}\boldsymbol{x}+(A-\lambda E_n)^n(\lambda\boldsymbol{x})\\ &= (A-\lambda E_n)(A-\lambda E_n)^n\boldsymbol{x}+\lambda(A-\lambda E_n)^n\boldsymbol{x}\\ &= \boldsymbol{0}\end{aligned}$$

である．よって，$f_A(\boldsymbol{x}) = A\boldsymbol{x} \in W(\lambda)$ なので，$W(\lambda)$ は f_A− 不変である． ■

ジョルダン標準形

問題 12.4 . 8 次正方行列 $A \in M_{8\times 8}(\mathbb{R})$ の固有多項式が $\Phi_A(x) = (x-\alpha)^5(x-\beta)^3(\alpha,\beta\in\mathbb{R})$ であり，

$$\begin{aligned}&\mathrm{rank}(A-\alpha E_8)=6,\quad \mathrm{rank}(A-\alpha E_8)^2=4,\ \mathrm{rank}(A-\alpha E_8)^3=3,\\ &\mathrm{rank}(A-\alpha E_8)^4=3,\ \mathrm{rank}(A-\beta E_8)=6,\quad \mathrm{rank}(A-\beta E_8)^2=5,\\ &\mathrm{rank}(A-\beta E_8)^3=5\end{aligned}$$

とする．また，j 次ジョルダン細胞の個数を m_j とする．このとき，次の問に答えよ．

(1) 固有値 α のジョルダン細胞の個数を求めよ．

(2) 固有値 β のジョルダン細胞の個数を求めよ．

(3) 固有値 α に対して m_1, m_2, m_3 を求めよ．

(4) 固有値 β に対して m_1, m_2 を求めよ．

(5) A のジョルダン標準形を求めよ．

（解答）

(1) 固有値 α に対する固有空間 $V(\alpha)$ の次元は

$$\dim V(\alpha) = 8 - \mathrm{rank}(A - \alpha E_8) = 2$$

なので，定理 12.6 より固有値 α のジョルダン細胞の個数は 2 個である．

(2) 固有値 β に対する固有空間 $V(\beta)$ の次元は

$$\dim V(\beta) = 8 - \mathrm{rank}(A - \beta E_8) = 2$$

なので，定理 12.6 より固有値 β のジョルダン細胞の個数は 2 個である．

(3) 定理 12.7 より

$$m_1 = \mathrm{rank}(A - \alpha E_8)^2 - 2\mathrm{rank}(A - \alpha E_8) + \mathrm{rank}(A - \alpha E_8)^0 = 0$$
$$m_2 = \mathrm{rank}(A - \alpha E_8)^3 - 2\mathrm{rank}(A - \alpha E_8)^2 + \mathrm{rank}(A - \alpha E_8) = 1$$
$$m_3 = \mathrm{rank}(A - \alpha E_8)^4 - 2\mathrm{rank}(A - \alpha E_8)^3 + \mathrm{rank}(A - \alpha E_8)^2 = 1$$

である．

(4) 定理 12.7 より

$$m_1 = \mathrm{rank}(A - \beta E_8)^2 - 2\mathrm{rank}(A - \beta E_8) + \mathrm{rank}(A - \beta E_8)^0 = 1$$
$$m_2 = \mathrm{rank}(A - \beta E_8)^3 - 2\mathrm{rank}(A - \beta E_8)^2 + \mathrm{rank}(A - \beta E_8) = 1$$

である．

(5) 以上のことより，求めるジョルダン行列は

$$\left[\begin{array}{ccc|cc|cc|c} \alpha & 1 & & & & & & \\ & \alpha & 1 & & & & & \\ & & \alpha & & & & & \\ \hline & & & \alpha & 1 & & & \\ & & & & \alpha & & & \\ \hline & & & & & \beta & 1 & \\ & & & & & & \beta & \\ \hline & & & & & & & \beta \end{array}\right]$$

■

【評価基準・注意】==============================

- ジョルダン細胞の順序は解答例の通りになっていなくてもよい.
- (1)〜(4) で答えしか書いていないものは 0 点. また, 途中の計算で数値しか書いていないもの, 例えば,「$8-6=2$ なので 2 個」としているものは減点対象になる. 理解しているかどうか判断できない.
- (1)〜(4) は個数を問う問題なので, 結果が負数になっていたらおかしいと思うべき.

==================================

ジョルダン標準形と変換行列

問題 12.5 . 行列 $A=\begin{bmatrix}-4 & 3 & -1\\ -6 & 5 & -2\\ -9 & 9 & -4\end{bmatrix}$ に対して次の問に答えよ.

(1) A の固有値を求めよ.

(2) A のジョルダン標準形 J を求めよ.

(3) J の変換行列, すなわち, $J=P^{-1}AP$ となる P を求めよ.

(解答)

(1)

$$
\begin{aligned}
|\lambda E_3 - A| &= \begin{vmatrix}\lambda+4 & -3 & 1\\ 6 & \lambda-5 & 2\\ 9 & -9 & \lambda+4\end{vmatrix} = \begin{vmatrix}\lambda+1 & -3 & 1\\ \lambda+1 & \lambda-5 & 2\\ 0 & -9 & \lambda+4\end{vmatrix}\\
&= \begin{vmatrix}\lambda+1 & -3 & 1\\ 0 & \lambda-2 & 1\\ 0 & -9 & \lambda+4\end{vmatrix} = (\lambda+1)\begin{vmatrix}\lambda-2 & 1\\ -9 & \lambda+4\end{vmatrix}\\
&= (\lambda+1)^3
\end{aligned}
$$

なので固有値は $\lambda=-1$ である.

(2)

$$A+E_3=\begin{bmatrix}-3&3&-1\\-6&6&-2\\-9&9&-3\end{bmatrix}\to\begin{bmatrix}-3&0&0\\-6&0&0\\-9&0&0\end{bmatrix}\to\begin{bmatrix}1&0&0\\0&0&0\\0&0&0\end{bmatrix}$$

なので $\mathrm{rank}(A+E_3)=1$ である．

よって，定理 12.6 より固有値 $\lambda=1$ のジョルダン細胞の個数は

$3-1=2$ 個である．よって，求めるジョルダン標準形は

$$J=P^{-1}AP=\begin{bmatrix}-1&1&0\\0&-1&0\\0&0&-1\end{bmatrix}$$ である．

(3) 変換行列 P を $P=[\boldsymbol{p}_1,\boldsymbol{p}_2,\boldsymbol{p}_3]$ とおき，$J=[\boldsymbol{j}_1,\boldsymbol{j}_2,\boldsymbol{j}_3]$ とおくと

$PJ=[P\boldsymbol{j}_1,P\boldsymbol{j}_2,P\boldsymbol{j}_3]$ であり，$P\boldsymbol{j}_1=[\boldsymbol{p}_1,\boldsymbol{p}_2,\boldsymbol{p}_3]\begin{bmatrix}-1\\0\\0\end{bmatrix}=-\boldsymbol{p}_1$,

$$P\boldsymbol{j}_2=[\boldsymbol{p}_1,\boldsymbol{p}_2,\boldsymbol{p}_3]\begin{bmatrix}1\\-1\\0\end{bmatrix}=\boldsymbol{p}_1-\boldsymbol{p}_2,$$

$P\boldsymbol{j}_3=[\boldsymbol{p}_1,\boldsymbol{p}_2,\boldsymbol{p}_3]\begin{bmatrix}0\\0\\-1\end{bmatrix}=-\boldsymbol{p}_3$ である．よって，$AP=PJ$ より

$$\begin{cases}A\boldsymbol{p}_1&=-\boldsymbol{p}_1\\A\boldsymbol{p}_2&=\boldsymbol{p}_1-\boldsymbol{p}_2\\A\boldsymbol{p}_3&=-\boldsymbol{p}_3\end{cases}\Longrightarrow\begin{cases}(A+E_3)\boldsymbol{p}_1&=\boldsymbol{0}\\(A+E_3)\boldsymbol{p}_2&=\boldsymbol{p}_1\\(A+E_3)\boldsymbol{p}_3&=\boldsymbol{0}\end{cases}$$

を満たす一次独立なベクトル $\boldsymbol{p}_1, \boldsymbol{p}_2, \boldsymbol{p}_3$ を求めればよい.

$$A+E_3=\begin{bmatrix}-3&3&-1\\-6&6&-2\\-9&9&-3\end{bmatrix}\to\begin{bmatrix}-3&3&-1\\0&0&0\\0&0&0\end{bmatrix}$$

なので，$(A+E_3)\boldsymbol{x}=\boldsymbol{0}$ の解は $\boldsymbol{x}=\begin{bmatrix}x_1\\x_2\\x_3\end{bmatrix}$ とし，$x_2=\alpha,\ x_3=3\beta$ (α,β は任意）とすると $-3x_1+3x_2-x_3=0$ より $x_1=\alpha-\beta$ である．よって，$\boldsymbol{x}=\begin{bmatrix}\alpha-\beta\\\alpha\\3\beta\end{bmatrix}$ だが，以下で $(A+E_3)\boldsymbol{x}=\boldsymbol{p}_1$ を解かなくてはならないので，この方程式が解を持つように α と β を定める必要がある.

ここで，$\mathrm{rank}(A+E_3)=1$ であり，

$$[A+E_3|\boldsymbol{p}_1]=\left[\begin{array}{ccc|c}-3&3&-1&\alpha-\beta\\-6&6&-2&\alpha\\-9&9&-3&3\beta\end{array}\right]\Longrightarrow\left[\begin{array}{ccc|c}-3&3&-1&\alpha-\beta\\0&0&0&-\alpha+2\beta\\0&0&0&-3\alpha+6\beta\end{array}\right]$$

なので $-\alpha+2\beta=0$ となるように選べばよい．ここでは，$\alpha=2$, $\beta=1$ とし $\boldsymbol{p}_1=\begin{bmatrix}1\\2\\3\end{bmatrix}$ と選ぶ．また，$\boldsymbol{p}_3$ としては $\alpha=1,\beta=0$ として $\boldsymbol{p}_3=\begin{bmatrix}1\\1\\0\end{bmatrix}$ と選べば $\boldsymbol{p}_1$ と $\boldsymbol{p}_3$ は一次独立となる.

次に $(A+E_3)\boldsymbol{p}_2 = \boldsymbol{p}_1$ とおくと

$$\left[\begin{array}{ccc|c} -3 & 3 & -1 & 1 \\ -6 & 6 & -2 & 2 \\ -9 & 9 & -3 & 3 \end{array}\right] \Longrightarrow \left[\begin{array}{ccc|c} -3 & 3 & -1 & 1 \\ 0 & 0 & 0 & 0 \\ 0 & 0 & 0 & 0 \end{array}\right]$$

より $3x_1 = 3x_2 - x_3 - 1$ なので $x_1 = 1, x_2 = 2$ として $\boldsymbol{p}_2 = \begin{bmatrix} 0 \\ 1 \\ 2 \end{bmatrix}$ と

選ぶことができる．

以上のことより，求める変換行列は $P = [\boldsymbol{p}_1, \boldsymbol{p}_2, \boldsymbol{p}_3] = \begin{bmatrix} 1 & 0 & 1 \\ 2 & 1 & 1 \\ 3 & 2 & 0 \end{bmatrix}$

である．

■

【評価基準・注意】==============================

- A がジョルダンの標準形になるならば，$\boldsymbol{p}_1$，$\boldsymbol{p}_2$，$\boldsymbol{p}_3$ は必ず求まる．ただし，間違えても $\boldsymbol{p}_i = \boldsymbol{0}$ と選ばないように．$\boldsymbol{p}_1$，$\boldsymbol{p}_2$，$\boldsymbol{p}_3$ は一次独立でなければならない．
- 解答例以外にも P として

$$\begin{bmatrix} 1 & 0 & 1 \\ 2 & 0 & 1 \\ 3 & -1 & 0 \end{bmatrix}, \begin{bmatrix} 1 & -1 & 1 \\ 2 & 0 & 1 \\ 3 & 2 & 0 \end{bmatrix}, \begin{bmatrix} 1 & 1 & 1 \\ 2 & 1 & 1 \\ 3 & -1 & 0 \end{bmatrix}$$

などと選ぶことができる．もちろん，これは J の形によって（特に列の位置が）変わる．

==

■■■ 演習問題 ■■■■■■■■■■■■■■■■■■■■■■■■

演習問題 12.4

6 次正方行列 $A \in M_{6\times 6}(\mathbb{R})$ の固有多項式が $\Phi_A(x) = (x-\alpha)^5(x-\beta)(\alpha, \beta \in \mathbb{R})$ であり，

$$\operatorname{rank}(A - \alpha E_6) = 3, \quad \operatorname{rank}(A - \alpha E_6)^2 = 1,$$
$$\operatorname{rank}(A - \alpha E_6)^3 = 1, \quad \operatorname{rank}(A - \beta E_6) = 5$$

とする．また，j 次ジョルダン細胞の個数を m_j とする．このとき，次の問に答えよ．

(1) 固有値 α のジョルダン細胞の個数を求めよ．
(2) 固有値 β のジョルダン細胞の個数を求めよ．
(3) 固有値 α に対して m_1, m_2 を求めよ．
(4) A のジョルダン標準形を求めよ．

演習問題 12.5

行列 $A = \begin{bmatrix} -3 & 1 & -1 \\ -7 & 5 & -1 \\ -6 & 6 & -2 \end{bmatrix}$ に対して次の問に答えよ．

(1) A の固有値を求めよ．
(2) A のジョルダン標準形 J を求めよ．
(3) J の変換行列，すなわち，$J = P^{-1}AP$ となる P を求めよ．

演習問題 12.6

行列 $A = \begin{bmatrix} 5 & 3 & -1 & -2 \\ 1 & 6 & -1 & -1 \\ 0 & -1 & 4 & 1 \\ 2 & 5 & -2 & 1 \end{bmatrix}$ に対して次の問に答えよ．

(1) A の固有値を求めよ．
(2) A のジョルダン標準形 J を求めよ．
(3) J の変換行列，すなわち，$J = P^{-1}AP$ となる P を求めよ．

（ヒント） 定理 12.8 を使って標数を求め，定理 12.9 を適用して固有値の最大のジョルダン細胞の次数を求めよ．

第13章

第II部まとめ問題

問題 13.1

次の事柄は正しいか間違っているか答えよ．

(1) A を n 次実正方行列，$\boldsymbol{x}$ を n 次元実ベクトルとする．このとき，零ベクトル $\boldsymbol{0}$ は固有ベクトルである．
(2) n 次実正方行列 A が n 個の相異なる固有値を持てば，A は対角化可能である．
(3) ベクトル $\{\boldsymbol{v}_1, \boldsymbol{v}_2, \ldots, \boldsymbol{v}_n\}$ を $\boldsymbol{0}$ でない $\mathbb{R}^n$ のベクトルの組とする．このとき，$\boldsymbol{v}_1, \boldsymbol{v}_2, \ldots, \boldsymbol{v}_n$ の一次結合で表されるベクトル全体は $\mathbb{R}^n$ の部分空間である．
(4) n 次正方実行列 A が n 個の相異なる固有値を持たないときは，A は対角化可能ではない．

問題 13.2

行列やベクトルの要素をすべて実数とするとき，次の事柄は正しいか？正しいときは証明をつけ，間違っている場合は正しい答えを書くか反例を挙げよ．なお，理由を書いていない場合は0点とする．

(1) n 次正方行列 A が直交行列 P によって対角化可能ならば，A は対称行列である．
(2) 正則な n 次正方行列 A の固有値を λ とするとき，その逆行列 A^{-1} の固有値も λ である．ただし，$\lambda \neq 0$ とする．
(3) n 次正方行列 A が直交行列のとき，任意のベクトル $\boldsymbol{x}, \boldsymbol{y} \in \mathbb{R}^n$ に対して，$(A\boldsymbol{x}, A\boldsymbol{y}) = (\boldsymbol{x}, \boldsymbol{y})$ が成り立つ．ここで，$(\cdot,\cdot)$ はベクトルの内積を表す．

問題 13.3

次の記述には必ず間違いがある．それを指摘し，訂正せよ．

(1) 1つのベクトル $\boldsymbol{a}$ は $\boldsymbol{a} = \boldsymbol{0}$ のとき一次独立，$\boldsymbol{a} \neq \boldsymbol{0}$ のとき一次従属である．
(2) 3つのベクトル $\boldsymbol{a}, \boldsymbol{b}, \boldsymbol{c}$ および3つのスカラー x, y, z に対して，$x\boldsymbol{a}+y\boldsymbol{b}+z\boldsymbol{c}^2$ は一次結合である．

問題 13.4

次の事柄は正しいか？正しいものには◯を，間違っているものには×を記入せよ．

(1) 空間内のベクトル $\boldsymbol{a}, \boldsymbol{b}, \boldsymbol{c} \in \mathbb{R}^3$ が一次従属であるための必要十分条件は，この3つのベクトルが同一平面上にあることである．
(2) ベクトル $\boldsymbol{a}$ とスカラー x に対し，$\boldsymbol{a}$ と $x\boldsymbol{a}$ は一次独立である．
(3) 零ベクトル $\boldsymbol{0}$ を含むベクトルの組 $\boldsymbol{0}, \boldsymbol{a}_2, \boldsymbol{a}_3, \ldots, \boldsymbol{a}_m$ は一次従属である．

問題 13.5
次の問に答えよ．

(1) 高校では「(幾何) ベクトルは，“大きさ” と “向き” を持ったものである」と学んだが，計量ベクトル空間でそれらに対応するものは何か？
(2) 同次連立一次方程式 $A\boldsymbol{x} = \boldsymbol{0}$ を考える．ただし，$\boldsymbol{x}$ は n 次元実ベクトルで A は n 次正方行列である．このとき，$\dim \mathrm{Ker}(A)$ および $\dim \mathrm{Im}(A)$ は何を表すか？
(3) 2つの K ベクトル空間 U と V が同型であることを証明するためには，何を示せばよいか？ 解答を書く際には，必ず「線形写像」という言葉を使って書くこと．

問題 13.6
次の記述には必ず間違いがある．それを指摘し，訂正せよ．

(1) 任意の2つのベクトル $\boldsymbol{a}, \boldsymbol{b} \in \mathbb{R}^n$ に対して $|\boldsymbol{a} + \boldsymbol{b}| \leq |\boldsymbol{a}| + |\boldsymbol{b}|$ が成り立つ．これをシュワルツの不等式という．
(2) $\boldsymbol{a} = \begin{bmatrix} a_1 \\ a_2 \end{bmatrix}$ と $\boldsymbol{b} = \begin{bmatrix} b_1 \\ b_2 \end{bmatrix}$ の外積 $\boldsymbol{a} \times \boldsymbol{b}$ は $\begin{bmatrix} a_2 b_1 - a_1 b_2 \\ a_1 b_2 - a_2 b_1 \end{bmatrix}$ である．

問題 13.7
以下の文章の空欄に入る最も適切な用語や式を記入せよ．ただし，用語は以下の選択肢の中から選ぶこと．

選択肢

一次独立，一次従属，一次結合，自明，ベクトル空間，部分空間，
スカラー倍

(1) K ベクトル空間 V において，そのベクトルの集合 $\{\boldsymbol{a}_1, \boldsymbol{a}_2, \ldots, \boldsymbol{a}_m\}$ が一次独立とすると，その部分集合 $\{\boldsymbol{a}_{i_1}, \boldsymbol{a}_{i_2}, \ldots, \boldsymbol{a}_{i_k}\} (1 \leq i_1 < i_2 < \ldots < i_k \leq m)$ は **(ア)** である．また，$\{\boldsymbol{a}_{i_1}, \boldsymbol{a}_{i_2}, \ldots, \boldsymbol{a}_{i_k}\}$ が一次従属ならば $\{\boldsymbol{a}_1, \boldsymbol{a}_2, \ldots, \boldsymbol{a}_m\}$ は **(イ)** である．
(2) K ベクトル空間 V のベクトル $\boldsymbol{a}_1, \boldsymbol{a}_2, \ldots, \boldsymbol{a}_m$ が一次独立で $\boldsymbol{a}_1, \boldsymbol{a}_2, \ldots, \boldsymbol{a}_m, \boldsymbol{a}_{m+1}$ は **(ウ)** であったとする．このとき，$\boldsymbol{a}_{m+1}$ は $\boldsymbol{a}_1, \boldsymbol{a}_2, \ldots, \boldsymbol{a}_m$ の一次結合である．

(3) K ベクトル空間 V において $\boldsymbol{a}_1, \boldsymbol{a}_2, \ldots, \boldsymbol{a}_m, \boldsymbol{a}_{m+1} \in V$ が一次従属 $\overset{\text{iff}}{\Longleftrightarrow}$ $\boldsymbol{a}_1, \boldsymbol{a}_2, \ldots, \boldsymbol{a}_m, \boldsymbol{a}_{m+1}$ のうち少なくとも 1 つは残りの m 個の [(エ)] で表せる.

(4) K ベクトル空間 V の空でない部分集合 W が，和とスカラー倍について閉じているとき，これを V の [(オ)] という．すなわち，次の性質を満たすときである.

$\forall \boldsymbol{a}, \forall \boldsymbol{b} \in W$ に対し [(カ)]

$\forall \boldsymbol{a} \in W, \forall \alpha \in K$ に対し [(キ)]

問題 13.8

以下の文章の空欄に入る最も適切な用語や式を次の選択肢から選んで記入せよ.

選択肢

一次独立，一次従属，一次結合，部分空間，スカラー倍，基底，次元，$m = n$，$m \geq n$，$m \leq n$

(1) K ベクトル空間 V のベクトル $\boldsymbol{a}_1, \boldsymbol{a}_2, \ldots, \boldsymbol{a}_m$ が一次独立だと仮定する．このとき，任意のベクトル $\boldsymbol{x}$ について次が成り立つ.

(a) $\boldsymbol{x} \in L(\boldsymbol{a}_1, \boldsymbol{a}_2, \ldots, \boldsymbol{a}_m)$ ならば $\boldsymbol{a}_1, \boldsymbol{a}_2, \ldots, \boldsymbol{a}_m, \boldsymbol{x}$ は [(ア)] で $\boldsymbol{x}$ は $\boldsymbol{a}_1, \boldsymbol{a}_2, \ldots, \boldsymbol{a}_m$ の [(イ)] としてただ一通りに表される.

(b) $\boldsymbol{x} \notin L(\boldsymbol{a}_1, \boldsymbol{a}_2, \ldots, \boldsymbol{a}_m)$ ならば $\boldsymbol{a}_1, \boldsymbol{a}_2, \ldots, \boldsymbol{a}_m, \boldsymbol{x}$ は [(ウ)] である.

(2) K ベクトル空間 V の部分空間 $W = L(\boldsymbol{a}_1, \boldsymbol{a}_2, \ldots, \boldsymbol{a}_m)$ について，W の中には m 個より多くの [(エ)] なベクトルは存在しない.
K ベクトル空間 V の部分空間 W が

$$W = L(\boldsymbol{a}_1, \boldsymbol{a}_2, \ldots, \boldsymbol{a}_m) = L(\boldsymbol{b}_1, \boldsymbol{b}_2, \ldots, \boldsymbol{b}_n)$$

と 2 通りに表され，かつ $\boldsymbol{a}_1, \boldsymbol{a}_2, \ldots, \boldsymbol{a}_m$ も $\boldsymbol{b}_1, \boldsymbol{b}_2, \ldots, \boldsymbol{b}_n$ も共に [(オ)] と仮定するとき，$m = n$ である.

(3) V を K ベクトル空間とする.

(a) $\boldsymbol{a}_1, \boldsymbol{a}_2, \ldots, \boldsymbol{a}_m$ と $\boldsymbol{b}_1, \boldsymbol{b}_2, \ldots, \boldsymbol{b}_n$ がともに V の基底であるとすると [(カ)] である.

(b) n 次元 K ベクトル空間 V の一次独立な n 個のベクトルの集合 $\{\boldsymbol{a}_1, \boldsymbol{a}_2, \ldots, \boldsymbol{a}_n\}$ は V の [(キ)] になる.

(c) K ベクトル空間 V とその部分空間 W について $m = \dim_K W$，$n = \dim_K V$ とすると，[(ク)] である.

問題 13.9
n 次正方行列 A が対角化可能であるための必要十分条件を「固有値」と「固有ベクトル」という言葉を使って述べよ．

問題 13.10
次の問に答えよ．

(1) $\mathbb{R}$ ベクトル空間 $C(\mathbb{R})$ において $f(t) = t$ と $g(t) = e^t$ は一次独立であることを示せ．
(2) ベクトル空間 $C(\mathbb{R})$ に内積を次のように導入する．

$$(f, g) = \int_{-\pi}^{\pi} f(t)g(t)dt, \qquad f, g \in C(\mathbb{R})$$

このとき，$f(t) = \sin t$ と $g(t) = \cos t$ は直交するか？ 理由を述べて答えよ．

問題 13.11
$\mathbb{R}^3$ 内の 3 個のベクトル

$$\boldsymbol{a} = \begin{bmatrix} 1 \\ 2 \\ 3 \end{bmatrix}, \quad \boldsymbol{b} = \begin{bmatrix} 2 \\ 3 \\ 1 \end{bmatrix}, \quad \boldsymbol{c} = \begin{bmatrix} a \\ 1 \\ 2 \end{bmatrix}$$

を考える．このとき，$\boldsymbol{a}, \boldsymbol{b}$ が一次独立であることを示し，$\boldsymbol{a}, \boldsymbol{b}, \boldsymbol{c}$ が一次従属となるように a の値を定めよ．

問題 13.12
次の $\mathbb{R}^4$ の部分集合が，部分空間となるかどうか調べよ．

(1) $A = \left\{ \begin{bmatrix} x \\ y \\ z \\ w \end{bmatrix} \middle| \quad x = y = z = w \right\}$

(2) $B = \left\{ \begin{bmatrix} x \\ y \\ z \\ w \end{bmatrix} \middle| \quad x^2 + y^2 + z^2 + w^2 = 1 \right\}$

問題 13.13
次の写像が線形写像かどうか調べ，線形写像ならば対応する行列表現を求めよ．ただし，$\mathbb{R}^n$ の基底としては標準基底を選ぶものとする．

(1) $f : \begin{bmatrix} x_1 \\ x_2 \end{bmatrix} \mapsto x_1 x_2$　　(2) $g : \begin{bmatrix} x_1 \\ x_2 \\ x_3 \end{bmatrix} \mapsto 2x_1 - 3x_2 + 4x_3$

問題 13.14

$\mathbb{R}^3$ から $\mathbb{R}^2$ への線形写像 f の標準基底に関する行列表現を $A = \begin{bmatrix} -12 & -2 & -13 \\ 5 & 1 & 6 \end{bmatrix}$ とする．

(1) $\mathbb{R}^3$ の基底として $\boldsymbol{a}_1 = \begin{bmatrix} 2 \\ 11 \\ -3 \end{bmatrix}$, $\boldsymbol{a}_2 = \begin{bmatrix} 0 \\ 1 \\ 0 \end{bmatrix}$, $\boldsymbol{a}_3 = \begin{bmatrix} -1 \\ -7 \\ 2 \end{bmatrix}$ をとるとき，標準基底 $\{\boldsymbol{e}_1, \boldsymbol{e}_2, \boldsymbol{e}_3\}$ から $\{\boldsymbol{a}_1, \boldsymbol{a}_2, \boldsymbol{a}_3\}$ への変換行列 P を求めよ．

(2) $\mathbb{R}^2$ の基底として $\boldsymbol{b}_1 = \begin{bmatrix} 7 \\ -3 \end{bmatrix}$, $\boldsymbol{b}_2 = \begin{bmatrix} -2 \\ 1 \end{bmatrix}$ をとるとき，標準基底 $\{\boldsymbol{e}_1, \boldsymbol{e}_2\}$ から $\{\boldsymbol{b}_1, \boldsymbol{b}_2\}$ への変換行列 Q を求めよ．

(3) 標準基底を (1)(2) で求めた P, Q で変換したとき，f の新しい基底（つまり，$\{\boldsymbol{a}_1, \boldsymbol{a}_2, \boldsymbol{a}_3, \boldsymbol{b}_1, \boldsymbol{b}_2\}$）に関する行列表現 B を求めよ．

問題 13.15

線形写像 $f_A : \mathbb{R}^4 \to \mathbb{R}^3$ が 3×4 行列

$$A = \begin{bmatrix} -1 & 3 & 0 & 2 \\ 1 & 7 & 2 & 12 \\ 2 & -1 & 1 & 3 \end{bmatrix} = [\boldsymbol{a}_1, \boldsymbol{a}_2, \boldsymbol{a}_3, \boldsymbol{a}_4]$$

によって定義されるとき，$\mathrm{Ker}(f_A)$ と $\mathrm{Im}(f_A)$ を求め，さらに，それらの次元を求めよ．

問題 13.16

U と V を K ベクトル空間とし，f を線形写像 $f : U \to V$ とする．このとき，次の問に答えよ．

(1) 次元公式（あるいは次元定理）を書け．

(2) 次元公式を使って，$\dim U > \dim V$ ならば f は単射ではないことを示せ．

(3) $\dim U < \dim V$ ならば，f は全射ではないことを次元公式を利用して示せ．ただし,「f が全射 $\iff \dim \mathrm{Im}(f) = \dim V$」を証明せずに利用してよい．

問題 13.17

V を $\mathbb{R}$ 上の計量ベクトル空間とする．このとき，次の問に答えよ．

(1) V においては，$\boldsymbol{a}, \boldsymbol{b}$ に対して内積と呼ばれる $\mathbb{R}$ の要素 $(\boldsymbol{a}, \boldsymbol{b})$ が定まる．内積が満たすべき条件を例に挙げたものも含めてすべて書け．

（例）$\forall \boldsymbol{a}, \forall \boldsymbol{b}, \forall \boldsymbol{c} \in V$ に対して $(\boldsymbol{a}, \boldsymbol{b} + \boldsymbol{c}) = (\boldsymbol{a}, \boldsymbol{b}) + (\boldsymbol{a}, \boldsymbol{c})$

(2) シュワルツの不等式とはどのようなものか？ また，シュワルツの不等式を利用すれば何を定義することができるか？

問題 13.18
グラム・シュミットの直交化を用いて $\mathbb{R}^3$ の次の基底から正規直交系を構成せよ．

$$\boldsymbol{a}_1 = \begin{bmatrix} 1 \\ 1 \\ 1 \end{bmatrix}, \quad \boldsymbol{a}_2 = \begin{bmatrix} 1 \\ 0 \\ 1 \end{bmatrix}, \quad \boldsymbol{a}_3 = \begin{bmatrix} -1 \\ 0 \\ 1 \end{bmatrix}$$

問題 13.19
A を n 次正方複素行列とする．このとき，$\forall \boldsymbol{x} \in \mathbb{C}^n$ に対して $\|A\boldsymbol{x}\| = \|\boldsymbol{x}\|$ が成り立つとき，$\mathrm{Im}(A\boldsymbol{x}, A\boldsymbol{y}) = \mathrm{Im}(\boldsymbol{x}, \boldsymbol{y})$ が成り立つことを示せ．ただし，必ず $\|A(\boldsymbol{x}+i\boldsymbol{y})\|^2$ と $\|\boldsymbol{x}+i\boldsymbol{y}\|^2$ を計算して証明すること．

問題 13.20
$A = \begin{bmatrix} 0 & 1 & 1 \\ 1 & 0 & 1 \\ 1 & 1 & 0 \end{bmatrix}$ が定める $\mathbb{R}^3$ から $\mathbb{R}^3$ への線形変換 $f_A : \mathbb{R}^3 \to \mathbb{R}^3$ に対し，$\mathbb{R}^3$ の部分空間 $W = \left\{ \begin{bmatrix} x \\ y \\ z \end{bmatrix} \middle| x+y+z=0 \right\}$ は f_A の不変部分空間であることを示せ．

問題 13.21
$V = \mathbb{R}^4$ 上の線形変換 f を考える．このとき，次の問に答えよ．
(a) V が $f-$ 不変な部分空間 W_1, W_2 の直和に分解できるとき，f はどのような行列で表すことができるか？ 該当するものを解答群からすべて選び，その番号を書け．ただし，$\dim W_1 = 1, \dim W_2 = 3$ とする．
(b) V が $f-$ 不変な部分空間 W_1, W_2, W_3 の直和に分解できるとき，f はどのような行列で表すことができるか？ 該当するものを解答群からすべて選び，その番号を書け．ただし，$\dim W_1 = 1, \dim W_2 = 1, \dim W_3 = 2$ とする．

（解答群）

(1) $\begin{bmatrix} * & 0 & 0 & 0 \\ 0 & * & * & 0 \\ 0 & * & * & 0 \\ 0 & 0 & 0 & * \end{bmatrix}$　(2) $\begin{bmatrix} 0 & 0 & 0 & * \\ 0 & 0 & * & 0 \\ * & * & 0 & 0 \\ * & * & 0 & 0 \end{bmatrix}$　(3) $\begin{bmatrix} * & 0 & 0 & 0 \\ 0 & * & 0 & 0 \\ 0 & 0 & * & * \\ 0 & 0 & * & * \end{bmatrix}$　(4) $\begin{bmatrix} * & * & 0 & 0 \\ * & * & 0 & 0 \\ 0 & 0 & * & 0 \\ 0 & 0 & 0 & * \end{bmatrix}$

(5) $\begin{bmatrix} * & * & * & 0 \\ * & * & * & 0 \\ * & * & * & 0 \\ 0 & 0 & 0 & * \end{bmatrix}$　(6) $\begin{bmatrix} * & 0 & 0 & 0 \\ 0 & * & 0 & 0 \\ 0 & 0 & * & 0 \\ 0 & 0 & 0 & * \end{bmatrix}$　(7) $\begin{bmatrix} * & 0 & 0 & 0 \\ 0 & * & * & * \\ 0 & * & * & * \\ 0 & * & * & * \end{bmatrix}$　(8) $\begin{bmatrix} 0 & 0 & 0 & * \\ * & * & * & 0 \\ * & * & * & 0 \\ * & * & * & 0 \end{bmatrix}$

(9) $\begin{bmatrix} 0 & 0 & 0 & * \\ 0 & 0 & * & 0 \\ 0 & * & 0 & 0 \\ * & 0 & 0 & 0 \end{bmatrix}$　(10) $\begin{bmatrix} 0 & 0 & 0 & * \\ 0 & * & * & 0 \\ 0 & * & * & 0 \\ * & 0 & 0 & 0 \end{bmatrix}$

問題 13.22
行列 $A = \begin{bmatrix} 1 & 3 & 3 \\ -3 & -5 & -3 \\ 3 & 3 & 1 \end{bmatrix}$ に対して次の問に答えよ．

(1) A の固有値を求めよ．
(2) A のすべての固有値に対する幾何的重複度と代数的重複度を計算し，A が対角化可能であることを示せ．
(3) A を対角化し，その対角化行列 P を求めよ．

問題 13.23
次の問に答えよ．

(1) $A = \begin{bmatrix} 0 & 1 & 0 \\ -1 & 1 & -1 \\ -1 & 0 & -1 \end{bmatrix}$ はべき零行列であることを示せ．
(2) $A = \begin{bmatrix} 2 & -1 \\ 1 & 3 \end{bmatrix}$ のとき，$A^4 - 4A^3 - A^2 + 2A - 5E_2$ を求めよ．
(3) n 次複素行列 $A \in M_{n\times n}(\mathbb{C})$ の固有多項式が $\Phi_A(x) = (x-\lambda_1)^{m_1}(x-\lambda_2)^{m_2}\cdots(x-\lambda_s)^{m_s}$ となったとする．ただし，$n = m_1 + m_2 + \cdots m_s$ とし，各 $\lambda_i (i = 1, 2, \ldots, s)$ は相異なるものとする．このとき，A が対角化可能であるための必要十分条件を数式を使って述べよ．

問題 13.24
$A = \begin{bmatrix} 2 & 0 & 0 \\ 1 & 1 & 1 \\ 1 & -1 & 3 \end{bmatrix}$ は対角化可能か？ 対角化可能ならば対角化し，対角化不可能ならば変換行列 P を求めてジョルダン標準形に変換せよ．

問題 13.25
7 次正方行列 $A \in M_{7\times 7}(\mathbb{R})$ の固有多項式が
$\Phi_A(x) = (x-1)^4(x-2)^2(x-3)$ であり，

$$\begin{array}{lll} \operatorname{rank}(A-E_7) = 5, & \operatorname{rank}(A-E_7)^2 = 4, & \operatorname{rank}(A-E_7)^3 = 3, \\ \operatorname{rank}(A-E_7)^4 = 3, & \operatorname{rank}(A-2E_7) = 6, & \operatorname{rank}(A-2E_7)^2 = 5, \\ \operatorname{rank}(A-2E_7)^3 = 5, & \operatorname{rank}(A-3E_7) = 6 & \end{array}$$

とする．このとき，A のジョルダン標準形を求めよ．

問題 13.26
ある情報サービスの市場には，A 社と B 社が参入しており，各社の 1 期後の状況は次の通りとする．

- A 社を利用している人が次期も A 社を利用する確率は 70%で B 社に変更する確率は 30%である
- B 社を利用している人が次期も B 社を利用する確率は 80%で A 社に変更する確率は 20%である

また，A 社の初期シェアを a_0，B 社の初期シェアを b_0 とし，シェアの初期ベクトルを $\boldsymbol{x}_0 = \begin{bmatrix} a_0 \\ b_0 \end{bmatrix}$ とする．このとき，次の問に答えよ．

(1) n 期後のシェアベクトルを $\boldsymbol{x}_n = \begin{bmatrix} a_n \\ b_n \end{bmatrix}$ とすると，ある行列 P を用いて $\boldsymbol{x}_n = P\boldsymbol{x}_{n-1}$ と表すことができる．この行列 P を求めよ．
(2) 行列 P の固有値を求めよ．
(3) 行列 P を対角化し，そのときの対角化行列 Q を求めよ．
(4) Q^{-1} を求めよ．
(5) P^n を求めよ．
(6) 仮定のような 1 期後の状況がずっと続くとすると，最終的に市場シェアはどのようになるか？

略解

第 0 章の略解

演習問題 0.1
f は線形ではない.

演習問題 0.2
実際に計算をして確かめればよい. また, ランクについて学習した後は, 係数行列と拡大係数行列のランクが一致しないことを確認してもよい.

演習問題 0.3　省略.　**演習問題 0.4**　省略.

第 1 章の略解

演習問題 1.1
(1) $\forall x, \forall y \in \mathbb{N},\ \exists z \in \mathbb{Q}\left(z = \frac{y}{x}\right)$
(2) $\forall x, \forall y \in \mathbb{Z}(x < y \Longrightarrow \exists z \in \mathbb{R}(x < z < y))$

演習問題 1.2
(1) $\forall x, \forall y \in \mathbb{R}(x < y \Longrightarrow \exists z \in \mathbb{Q}(x < z < y))$
(2) $\forall x \in \mathbb{Z}, \forall y \in \mathbb{N}, \exists z \in \mathbb{Q}(z = \frac{x}{y})$

演習問題 1.3　(1) ○　(2) ×　(3) ×　(4) ○

演習問題 1.4　すべて×

演習問題 1.5
(1) 単射　(2) 全単射　(3) 単射　(4) 全射でも単射でもない

第 2 章の略解

演習問題 2.1

(1) $\begin{bmatrix} 4 \\ 0.5 \\ 3.3 \end{bmatrix}$ (2) $\begin{bmatrix} \sqrt{5} \\ 0 \\ 5 \end{bmatrix}$ **演習問題 2.2** 省略.

演習問題 2.3 AB_1, AB_3, AB_6 が定義できる.

$$AB_1 = \begin{bmatrix} -11 & 11 \\ -13 & 21 \\ 12 & -5 \end{bmatrix} \quad AB_3 = \begin{bmatrix} -15 & 1 & 13 \\ -17 & 7 & 11 \\ 17 & 4 & -18 \end{bmatrix} \quad AB_6 = \begin{bmatrix} 1 \\ 7 \\ 4 \end{bmatrix}$$

演習問題 2.4

(1) $\begin{bmatrix} 2 & -2 & 3 \\ -7 & -7 & -12 \end{bmatrix}$ (4) $\begin{bmatrix} 6 \\ 34 \end{bmatrix}$ (5) $\begin{bmatrix} -7 & -13 & -19 \\ 3 & 5 & 7 \end{bmatrix}$

演習問題 2.5 $AB = \begin{bmatrix} -5 & 4 \\ -6 & 2 \\ 2 & 1 \end{bmatrix}$ **演習問題 2.6** 省略.

演習問題 2.7 $A = -4E_{11} - E_{12} + 4E_{13} + E_{21} + 7E_{23}$

演習問題 2.8 $a = 4, b = 5, c = 6, d = -1, e = -2, f = -3$

演習問題 2.9〜演習問題 2.11 省略. **演習問題 2.12** 正則.

演習問題 2.13〜演習問題 2.15 省略. **演習問題 2.16** $\theta = \dfrac{\pi}{3}$

演習問題 2.17 $(x, y) = (3, 4)$ または $(x, y) = (-3, -4)$.

演習問題 2.18 (1) $\begin{bmatrix} -2 \\ 2\sqrt{3} \end{bmatrix}$ (2) $\begin{bmatrix} 1 + 2\sqrt{2} \\ -2\sqrt{2} + 1 \end{bmatrix}$

演習問題 2.19

(1) $T_l = \begin{bmatrix} \cos 2\theta & \sin 2\theta \\ \sin 2\theta & -\cos 2\theta \end{bmatrix}$ (2) $R_\theta = \begin{bmatrix} \cos\theta & -\sin\theta \\ \sin\theta & \cos\theta \end{bmatrix}$

第 3 章の略解

演習問題 3.1 $\tau\sigma = \begin{pmatrix} 1 & 2 & 3 & 4 \\ 4 & 1 & 3 & 2 \end{pmatrix}$ $\sigma\tau = \begin{pmatrix} 1 & 2 & 3 & 4 \\ 2 & 3 & 1 & 4 \end{pmatrix}$

演習問題 3.2 例えば，$\sigma = (1\ 5)(1\ 2)(1\ 3)$.　**演習問題 3.3** 省略.

演習問題 3.4 (1) -2　(2) 0　(3) -360　(4) 14

演習問題 3.5〜演習問題 3.6 省略.　**演習問題 3.7** 0

演習問題 3.8 (1) 2　(2) 10725

演習問題 3.9 (1) ○　(2) ×　(3) ×　(4) ○　(5) ×　(6) ○

演習問題 3.10 -2　**演習問題 3.11** (1) 2　(2) 0

演習問題 3.12 A^{-1} は存在し，$A^{-1} = \begin{bmatrix} -3 & 2 \\ \frac{5}{2} & -\frac{3}{2} \end{bmatrix}$.

演習問題 3.13 $\mathrm{Cof}(A) = \begin{bmatrix} 1 & -1 & 3 \\ 5 & 3 & -1 \\ 3 & 5 & 1 \end{bmatrix}$，$A^{-1} = \dfrac{1}{8}\begin{bmatrix} 1 & -1 & 3 \\ 5 & 3 & -1 \\ 3 & 5 & 1 \end{bmatrix}$.

演習問題 3.14 省略.　**演習問題 3.15** $x = -1, y = 2, z = 1$

演習問題 3.16 $\boldsymbol{a} \times \boldsymbol{b} = \begin{bmatrix} 1 \\ 1 \\ -1 \end{bmatrix}$　**演習問題 3.17〜演習問題 3.19** 省略.

演習問題 3.20 $\det A = 10 - 4 - (-12) = 18$，$\mathrm{Cof}(A) = \begin{bmatrix} 5 & -4 & -4 \\ -5 & 22 & 4 \\ 2 & 2 & 2 \end{bmatrix}$，

$$A^{-1} = \frac{1}{18}\begin{bmatrix} 5 & -4 & -4 \\ -5 & 22 & 4 \\ 2 & 2 & 2 \end{bmatrix}.$$

第 4 章の略解

演習問題 4.1 $x = 4, y = -1, z = 2$　**演習問題 4.2** 解なし

演習問題 4.3 (1) $\begin{bmatrix} 1 & 0 & 0 & 0 \\ 0 & 1 & 0 & 3 \\ 0 & 0 & 1 & 0 \\ 0 & 0 & 0 & 1 \end{bmatrix}$　(2) 第 4 行の 3 倍を第 2 行に加える.

演習問題 4.4 (1) $\begin{bmatrix}1&0&0\\0&1&0\\2&0&1\end{bmatrix}$ (2) $\begin{bmatrix}1&0&0\\0&1&3\\0&0&1\end{bmatrix}$ (3) $=\begin{bmatrix}1&0&0\\0&1&0\\-2&0&1\end{bmatrix}$

演習問題 4.5 (1) 省略. (2) $A^{-1}=\begin{bmatrix}1&0&0\\1&1&0\\2&2&1\end{bmatrix}$ **演習問題 4.6** $k=2$.

演習問題 4.7 $x_1=6-3\alpha$, $x_2=2$, $x_3=\alpha$ （α は任意）, $x_4=6$.

演習問題 4.8 (1) 正則 (2) 正則でない

第5章の略解

演習問題 5.1 「サッカーが好き」と答える割合が $\frac{4}{7}$（約 57%）で,「野球が好き」と答える割合が $\frac{3}{7}$（約 43%）.

演習問題 5.2 「再試験がある」と聞いた人が 60%で,「再試験はない」と聞いた人が 40%.

演習問題 5.3 X さんは A マンションを選ぶべきである.

演習問題 5.4 X 国は戦略 α を，Y 国は戦略 A を選択するのが最も有効.

演習問題 5.5 国民の $\frac{2}{3}$ にワクチン V_1 を投与し，残り $\frac{1}{3}$ にワクチン V_2 を投与すれば，国民の 77%をインフルエンザから予防できると期待される.

演習問題 5.6 政府はワクチン V_2 のみを投与するべき.

演習問題 5.7 与えられた数字列は"WEBC"を表す.

第6章の略解

問題 6.1 (1) ○ (2) × **問題 6.2** (1) × (2) ○ (3) × (4) ×

問題 6.3 (1) ○ (2) × (3) × (4) ○ (5) ○ (6) ○

問題 6.4
(1) ○ (2) ○ (3) ○

(4) × (rank$A = n$ のとき，$A\boldsymbol{x} = \boldsymbol{b}$ の解はただ 1 つ存在する)

問題 6.5
(1) 積 AB のサイズは $m \times r$ なので，積 $(AB)C$ は定義できない．また，積 BC は定義できない． (2) $AB = BA$ が成立する場合がある．例えば，$B = E_n$（E_n は n 次単位行列）と選べばよい．
(3) $E_2 = \begin{bmatrix} 1 & 0 \\ 0 & 1 \end{bmatrix} = E_{11} + E_{22}$ (4) $A = \begin{bmatrix} 1 & 0 & 0 \\ 0 & 1 & 0 \end{bmatrix}$
(5) A は対角行列ではない．$A = \begin{bmatrix} 1 & 0 & 0 \\ 0 & 2 & 0 \\ 0 & 0 & 3 \end{bmatrix}$ は対角行列で $A = diag(1, 2, 3)$ と表すことができる．
(6) $\boldsymbol{b}_i (1 \leq i \leq r)$ を B の列ベクトルとするとき，$AB = A[\boldsymbol{b}_1, \boldsymbol{b}_2, \ldots, \boldsymbol{b}_r] = [A\boldsymbol{b}_1, A\boldsymbol{b}_2, \ldots, A\boldsymbol{b}_r]$ と定義する． (7) 正しくは，$c_{ij} = \sum_{k=1}^{n} a_{ik} b_{kj}$ である．

問題 6.6
(1) $(2, 1)$ 成分は 4 である．$(1, 2)$ 成分が 2 である．
(2) 行列とベクトルの和は定義できない．

問題 6.7 (3) と (4) が間違い．

問題 6.8
(1) ベクトルの積は定義されていないので，このような計算はできない．
(2) 「単射」の部分が間違い．逆写像が存在するためには「全単射」でなければならない．
(3) 「id_A」の部分が間違い．正しくは「id_B」である．

問題 6.9 (1) と (4) が間違い．

問題 6.10 (1) linear (2) 直線的 (3) 省略．

問題 6.11 (ア) $\mathbb{R}^n$ (イ) 「n 次元数ベクトル空間」または「n 次元実ベクトル空間」 (ウ) スカラー (エ) $\mathbb{R}^2$ (オ) $\mathbb{R}^3$

問題 6.12 (1) $\theta = \dfrac{\pi}{3}$ (2) $\begin{bmatrix} -7 \\ -7 \\ -7 \end{bmatrix}$ (3) $\mathbf{0}$

問題 6.13 (1) 1 (2) $\begin{bmatrix} 28 \\ 5 \\ -17 \end{bmatrix}$ (3) $-\dfrac{26}{35}$ (4) 13

(5) $x_1 = \dfrac{1}{\det A}\det[\boldsymbol{b}, \boldsymbol{a}_2, \boldsymbol{a}_3, \boldsymbol{a}_4]$, $x_2 = \dfrac{1}{\det A}\det[\boldsymbol{a}_1, \boldsymbol{b}, \boldsymbol{a}_3, \boldsymbol{a}_4]$,
$x_3 = \dfrac{1}{\det A}\det[\boldsymbol{a}_1, \boldsymbol{a}_2, \boldsymbol{b}, \boldsymbol{a}_4]$, $x_4 = \dfrac{1}{\det A}\det[\boldsymbol{a}_1, \boldsymbol{a}_2, \boldsymbol{a}_3, \boldsymbol{b}]$

問題 6.14　(1) A_1　(2) A_3　(3) すべての行列に転置行列は存在する.

$$ {}^tA_1 = \begin{bmatrix} 1 & 2 \\ 2 & 1 \end{bmatrix}, \quad {}^tA_2 = \begin{bmatrix} 1 & 4 \\ 2 & 5 \\ 3 & 6 \end{bmatrix}, $$

$$ {}^tA_3 = \begin{bmatrix} 0 & -2 & 1 \\ 2 & 0 & 3 \\ -1 & -3 & 0 \end{bmatrix}, \quad {}^tA_4 = \begin{bmatrix} -1 & -2 & 5 \\ 1 & 3 & 7 \end{bmatrix} $$

(4) 演算が定義できるのは, A_1A_2, A_2A_3, A_3A_4, $2A_1 + A_2A_4$, $A_4A_2 - A_3$ の 5 つである.

$$ A_1A_2 = \begin{bmatrix} 9 & 12 & 15 \\ 6 & 9 & 12 \end{bmatrix}, \quad A_2A_3 = \begin{bmatrix} -1 & 11 & -7 \\ -4 & 26 & -19 \end{bmatrix}, $$

$$ A_3A_4 = \begin{bmatrix} -9 & -1 \\ -13 & -23 \\ -7 & 10 \end{bmatrix}, \quad 2A_1 + A_2A_4 = \begin{bmatrix} 12 & 32 \\ 20 & 63 \end{bmatrix}, $$

$$ A_4A_2 - A_3 = \begin{bmatrix} 3 & 1 & 4 \\ 12 & 11 & 15 \\ 32 & 42 & 57 \end{bmatrix} $$

問題 6.15　(1) $\det A = 32$, $\mathrm{Cof}(A) = \begin{bmatrix} 14 & 6 & -2 \\ -5 & 7 & 3 \\ -1 & -5 & 7 \end{bmatrix}$,

$A^{-1} = \dfrac{1}{32}\begin{bmatrix} 14 & 6 & -2 \\ -5 & 7 & 3 \\ -1 & -5 & 7 \end{bmatrix}$　(2) $B^{-1} = \begin{bmatrix} -1 & 2 & 0 & -2 \\ 1 & -1 & 0 & 1 \\ 0 & -2 & 1 & 2 \\ -1 & 2 & 0 & -1 \end{bmatrix}$

問題 6.16　(1) $\dfrac{1}{2}\begin{bmatrix} -1 & \sqrt{3} \\ \sqrt{3} & 1 \end{bmatrix}$　(2) 全単射.

問題 6.17　(1) 256　(2) $ab(a-1)(b-1)(b-a)$

問題 6.18

(1) $AB = \begin{bmatrix} 5 & 8 \\ -17 & 19 \\ -5 & 14 \end{bmatrix}$ であり, BA は定義されない.

(2) $\sigma = (1\ 6)(2\ 5)(2\ 4)(2\ 7)$.　(3) $\mathrm{rank}(A) = 2$　(4) 単射　(5) $\det A \neq 0$, $\mathrm{rank}(A) = n$.　(6) $A^{-1} = \dfrac{1}{4}\begin{bmatrix} 3 & 1 & -1 \\ -6 & 2 & 2 \\ -5 & 1 & 3 \end{bmatrix}$　(7) 省略.

問題 6.19　(1) 0　(2) −　(3) 0　**問題 6.20**　$k = -1$

第 7 章の略解

演習問題 7.1〜演習問題 7.3　省略.　**演習問題 7.4**　$a = 2$

演習問題 7.5　(1) 省略.　(2) $a = 1$　**演習問題 7.6〜演習問題 7.8**　省略.

演習問題 7.9　(1) 部分空間　(2) 部分空間ではない

演習問題 7.10　部分空間ではない

演習問題 7.11　W は $M_{2\times 2}(\mathbb{R})$ の部分空間で，$\dim W = 2$.

演習問題 7.12　$\boldsymbol{a}_1, \boldsymbol{a}_2, \boldsymbol{a}_3$ は $\mathbb{R}^3$ の基底ではない.

演習問題 7.13 変換行列 P は $P = \begin{bmatrix} 1 & -1 & 1 \\ 0 & 1 & -2 \\ 0 & 0 & 1 \end{bmatrix}$.

第 8 章の略解

演習問題 8.1〜演習問題 8.3　省略.

演習問題 8.4　(1) 省略.　(2) $\begin{bmatrix} 0 & 1 & 0 & 0 \\ 0 & 0 & 1 & 0 \\ -1 & 0 & 0 & 0 \end{bmatrix}$

演習問題 8.5　$\begin{bmatrix} 0 & 1 & 0 \\ 0 & 0 & 2 \\ 0 & 0 & 0 \end{bmatrix}$

演習問題 8.6　(1) $P = \begin{bmatrix} 1 & 2 \\ 1 & 1 \end{bmatrix}$　(2) $B = \begin{bmatrix} 1 & 0 \\ 0 & 2 \end{bmatrix}$　(3) $Q = \begin{bmatrix} 1 & -1 \\ 1 & 1 \end{bmatrix}$　(4)

$$B' = \begin{bmatrix} 1 & 3 \\ 0 & -1 \end{bmatrix}$$

演習問題 8.7～演習問題 8.8　省略.

演習問題 8.9　$\mathrm{Im}(f_A) = L(\boldsymbol{a}_1, \boldsymbol{a}_2, \boldsymbol{a}_3) = L\left(\begin{bmatrix} 1 \\ 1 \\ 2 \\ 1 \end{bmatrix}, \begin{bmatrix} 1 \\ -1 \\ 1 \\ -1 \end{bmatrix}, \begin{bmatrix} 2 \\ 1 \\ 3 \\ 0 \end{bmatrix}\right)$ であり，$\dim \mathrm{Im}(f_A) = 3$ である．また，$\mathrm{Ker}(f_A) = \{\mathbf{0}\}$ であり，$\dim \mathrm{Ker}(f_A) = 0$ である.

演習問題 8.10　同型写像ではない　　**演習問題 8.11**　省略.

第 9 章の略解

演習問題 9.1　(1) $13+i$　(2) $-10+8i$　(3) $43+23i$　(4) $8-4i$　(5) $7-5i$　(6) $-1+i$

演習問題 9.2　省略.

演習問題 9.3　(1) $\dfrac{2}{7}$　(2) $\dfrac{\sqrt{10}}{5}$　(3) $\dfrac{\sqrt{2}}{3}$　(4) $\dfrac{3\sqrt{5}}{7}$

演習問題 9.4 $\boldsymbol{e}_1 = \dfrac{1}{\sqrt{5}}\begin{bmatrix} -2 \\ 1 \\ 0 \end{bmatrix}, \boldsymbol{e}_2 = \dfrac{1}{\sqrt{30}}\begin{bmatrix} -1 \\ -2 \\ 5 \end{bmatrix}, \boldsymbol{e}_3 = \dfrac{1}{\sqrt{6}}\begin{bmatrix} 1 \\ 2 \\ 1 \end{bmatrix}$

演習問題 9.5　$A^* = \begin{bmatrix} -i & 5 \\ 2-3i & 3+i \\ 1+i & -7i \end{bmatrix}$

演習問題 9.6～演習問題 9.7　省略.

第 10 章の略解

演習問題 10.1～演習問題 10.3　省略.

演習問題 10.4
(a) 2, 5　　(b) 3, 7, 8　　(c) 6

第 11 章の略解

演習問題 11.1

(1) 固有値 1 に属する固有ベクトルは c_1, c_2 を任意の定数として，$c_1 \begin{bmatrix} 1 \\ 0 \\ -1 \end{bmatrix}$，$c_2 \begin{bmatrix} 0 \\ -1 \\ 1 \end{bmatrix}$ と選ぶことができる．また，固有値 4 に属する固有ベクトルは c_3 を任意の定数として，$c_3 \begin{bmatrix} 1 \\ 1 \\ 1 \end{bmatrix}$ と選ぶことができる．

演習問題 11.2～演習問題 11.4　省略.

演習問題 11.5

(1)～(2) 省略.　(3) $B = \begin{bmatrix} 1 & 0 \\ 0 & 2 \end{bmatrix}$.　(4) $A^n = \begin{bmatrix} -1 + 2^{n+1} & 2 - 2^{n+1} \\ -1 + 2^n & 2 - 2^n \end{bmatrix}$

演習問題 11.6　A の固有値は -2 で，$V(-2) = L\left(\begin{bmatrix} 1 \\ 1 \\ 0 \end{bmatrix}, \begin{bmatrix} 1 \\ 0 \\ 1 \end{bmatrix}\right)$.

演習問題 11.7～演習問題 11.8　省略.

演習問題 11.9　対角化行列 P は $P = [\boldsymbol{p}_1, \boldsymbol{p}_2, \boldsymbol{p}_3] = \begin{bmatrix} 0 & -1 & -1 \\ 1 & 4 & -2 \\ 1 & 1 & 1 \end{bmatrix}$ で，$P^{-1}AP = \begin{bmatrix} 3 & 0 & 0 \\ 0 & 4 & 0 \\ 0 & 0 & -2 \end{bmatrix}$.

演習問題 11.10　対角化不可能

第 12 章の略解

演習問題 12.1　(1) $x^3 - 3x^2 - 24x - 28$　(2) $-9E_3$

演習問題 12.2～演習問題 12.3 省略.

演習問題 12.4　(1) 3 個　(2) 1 個　(3) 定理 12.7 より $m_1 = 1$, $m_2 = 2$.

(4) $\left[\begin{array}{cc|cc|c|c} \alpha & 1 & & & & \\ 0 & \alpha & & & & \\ \hline & & \alpha & 1 & & \\ & & 0 & \alpha & & \\ \hline & & & & \alpha & \\ \hline & & & & & \beta \end{array}\right]$

演習問題 12.5 (1) A の固有値は $4, -2$.

(2) ジョルダン行列 J は $J = P^{-1}AP = \begin{bmatrix} -2 & 1 & 0 \\ 0 & -2 & 0 \\ 0 & 0 & 4 \end{bmatrix}$.

(3) 求めるべき変換行列 P は $P = \begin{bmatrix} 1 & 0 & 0 \\ 1 & 0 & 1 \\ 0 & -1 & 1 \end{bmatrix}$.

演習問題 12.6 (1) 4

(2) $J = P^{-1}AP = \begin{bmatrix} 4 & 1 & 0 & 0 \\ 0 & 4 & 1 & 0 \\ 0 & 0 & 4 & 0 \\ 0 & 0 & 0 & 4 \end{bmatrix}$. (3) $P = \begin{bmatrix} 0 & 1 & 1 & 1 \\ 1 & 1 & 0 & 2 \\ 1 & 0 & 0 & 3 \\ 1 & 2 & 0 & 2 \end{bmatrix}$.

第 13 章の略解

問題 13.1 (1) 正しくない (2) 正しい (3) 正しい (4) 正しくない

問題 13.2 (1) 正しい (2) 正しくない (3) 正しい

問題 13.3
(1) 正しくは,「$\boldsymbol{a} = \boldsymbol{0}$ のとき一次従属, $\boldsymbol{a} \neq \boldsymbol{0}$ のとき一次独立」である.
(2) $x\boldsymbol{a} + y\boldsymbol{b} + z\boldsymbol{c}^2$ は一次結合ではない. 一次結合ならば $x\boldsymbol{a} + y\boldsymbol{b} + z\boldsymbol{c}$ となっていなければならない.

問題 13.4 (1) ○ (2) × (3) ○

問題 13.5
(1) 「大きさ」が「内積(またはノルム)」であり,「向き」が「基底」である.
(2) $\dim \mathrm{Ker}(A)$ は解の自由度を表し, $\dim \mathrm{Im}(A)$ は行列 A のランクを表す.
(3) U から V への全単射の線型写像 $f : U \to V$ が存在することを示せばよい.

問題 13.6
(1) $|\boldsymbol{a}+\boldsymbol{b}| \leq |\boldsymbol{a}|+|\boldsymbol{b}|$ は三角不等式である．シュワルツの不等式は $|(\boldsymbol{a}, \boldsymbol{b})| \leq |\boldsymbol{a}||\boldsymbol{b}|$.
(2) ベクトルの外積は 3 次元特有のもので，2 次元ベクトルでは外積は定義されていない．

問題 13.7
(ア) 一次独立　(イ) 一次従属　(ウ) 一次従属　(エ) 一次結合　(オ) 部分空間　(カ) $\boldsymbol{a}+\boldsymbol{b} \in W$　(キ) $\alpha\boldsymbol{a} \in W$

問題 13.8
(ア) 一次従属　(イ) 一次結合　(ウ) 一次独立　(エ) 一次独立　(オ) 一次独立　(カ) $m = n$　(キ) 基底　(ク) $m \leq n$

問題 13.9

- 一次独立な n 個の A の固有ベクトルが存在する．
- A が相異なる n 個の固有値を持つ．

問題 13.10　省略.　**問題 13.11**　$a = \dfrac{3}{7}$

問題 13.12　(1) 部分空間　(2) 部分空間ではない

問題 13.13
(1) 線形写像ではない　(2) 線形写像であり，行列表現は $A = [2, -3, 4]$.

問題 13.14　(1) $P = \begin{bmatrix} 2 & 0 & -1 \\ 11 & 1 & -7 \\ -3 & 0 & 2 \end{bmatrix}$　(2) $Q = \begin{bmatrix} 7 & -2 \\ -3 & 1 \end{bmatrix}$
(3) $B = Q^{-1}AP = \begin{bmatrix} -1 & 0 & 0 \\ 0 & 1 & 0 \end{bmatrix}$

問題 13.15

$$\mathrm{Im}(f_A) = L\left(\begin{bmatrix} -1 \\ 1 \\ 2 \end{bmatrix}, \begin{bmatrix} 3 \\ 7 \\ -1 \end{bmatrix}\right),\quad \dim \mathrm{Im}(f_A) = 2,$$

$$\mathrm{Ker}(f_A) = L\left(\begin{bmatrix} -3 \\ -1 \\ 5 \\ 0 \end{bmatrix}, \begin{bmatrix} -11 \\ -7 \\ 0 \\ 5 \end{bmatrix}\right),\quad \dim \mathrm{Ker}(f_A) = 2$$

問題 13.16〜問題 13.17 省略.

問題 13.18

$$\boldsymbol{e}_1 = \frac{1}{\sqrt{3}}\begin{bmatrix}1\\1\\1\end{bmatrix},\ \boldsymbol{e}_2 = \frac{1}{\sqrt{6}}\begin{bmatrix}1\\-2\\1\end{bmatrix},\ \boldsymbol{e}_3 = \frac{1}{\sqrt{2}}\begin{bmatrix}-1\\0\\1\end{bmatrix}$$

問題 13.19〜問題 13.20　省略.

問題 13.21

(a) 5, 7　　(b) 1, 3, 4

問題 13.22　(1) A の固有値は $1, -2$.　(2) $\lambda_1 = 1$ に対する幾何的重複度=代数的重複度は 1. また, $\lambda_2 = -2$ に対する幾何的重複度=代数的重複度は 2 なのではなので, A は対角化可能である.

(3) 対角化行列 P は $P = \begin{bmatrix} 1 & -1 & -1 \\ -1 & 1 & 0 \\ 1 & 0 & 1 \end{bmatrix}$ で, $P^{-1}AP = \begin{bmatrix} 1 & 0 & 0 \\ 0 & -2 & 0 \\ 0 & 0 & -2 \end{bmatrix}$.

問題 13.23　(1) 省略.　(2) $\begin{bmatrix} -24 & 20 \\ -20 & -44 \end{bmatrix}$　(3) 省略.

問題 13.24

ジョルダンの標準形 J は $J = \begin{bmatrix} 2 & 0 & 0 \\ 0 & 2 & 1 \\ 0 & 0 & 2 \end{bmatrix}$ で, 変換行列 P は, $P = \begin{bmatrix} 1 & 0 & 1 \\ 1 & 1 & 0 \\ 0 & 1 & 0 \end{bmatrix}$.

問題 13.25

$$\begin{bmatrix} 1 & 1 & & & & & \\ & 1 & 1 & & & & \\ & & 1 & & & & \\ & & & 1 & & & \\ & & & & 2 & 1 & \\ & & & & & 2 & \\ & & & & & & 3 \end{bmatrix}$$

問題 13.26　(1) $P = \begin{bmatrix} \frac{7}{10} & \frac{2}{10} \\ \frac{3}{10} & \frac{8}{10} \end{bmatrix}$　(2) P の固有値は $\lambda = \frac{1}{2}, 1$.

(3) P は対角化行列 $Q = \begin{bmatrix} -1 & \frac{2}{3} \\ 1 & 1 \end{bmatrix}$ を用いて $D := QPQ^{-1} = \begin{bmatrix} \frac{1}{2} & 0 \\ 0 & 1 \end{bmatrix}$ と対角化できる.

(4) $Q^{-1} = \begin{bmatrix} -\frac{3}{5} & \frac{2}{5} \\ \frac{3}{5} & \frac{3}{5} \end{bmatrix}$　(5) $P^n = \frac{1}{5}\begin{bmatrix} \frac{3}{2^n} + 2 & -\frac{1}{2^{n-1}} + 2 \\ -\frac{3}{2^n} + 3 & \frac{1}{2^{n-1}} + 3 \end{bmatrix}$

(6) A 社のシェアが 40%, B 社のシェアが 60%.

関連図書

[1] 有馬 哲，石村 貞夫：よくわかる線型代数，東京図書，1986 年.

[2] 川久保 勝夫：線形代数学，日本評論社，1999 年.

[3] 志賀 浩二：線形代数 30 講，朝倉書店，1988 年.

[4] 田村 三郎：線形代数の応用（連載），BASIC 数学，1994 年～1995 年，現代数学社.

[5] 寺田 文行，木村 宣昭：演習と応用 線形代数，サイエンス社，2000 年.

[6] 長岡 亮介：線型代数入門－現代数学の思想と方法－，放送大学教育振興会，2003 年.

[7] 長岡 亮介：線型代数学，放送大学教育振興会，2004 年.

[8] 皆本 晃弥：よくわかる数値解析演習－誤答例・評価基準つき－, 近代科学社，2005.

[9] 吉野 雄二：基礎課程 線形代数，サイエンス社，2000 年.

索引

著者略歴

皆本　晃弥（みなもと　てるや）

1992 年　愛媛大学教育学部中学校課程数学専攻卒業

1994 年　愛媛大学大学院理学研究科数学専攻修了

1997 年　九州大学大学院数理学研究科数理学専攻単位取得退学

2000 年　博士（数理学）（九州大学）

　　　　九州大学大学院システム情報科学研究科情報理学専攻助手，

　　　　佐賀大学理工学部知能情報システム学科講師を経て，

現　在　佐賀大学理工学部知能情報システム学科助教授

主要著書

Linux/FreeBSD/Solaris で学ぶ UNIX（サイエンス社，1999 年）

理工系ユーザのための Windows リテラシ（共著，サイエンス社，1999 年）

GIMP/GNUPLOT/Tgif で学ぶグラフィック処理（共著，サイエンス社，1999 年）

UNIX ユーザのためのトラブル解決 Q&A（サイエンス社，2000 年）

シェル&Perl 入門（共著，サイエンス社，2001 年）

やさしく学べる pLaTeX2e 入門（サイエンス社，2003 年）

やさしく学べる C 言語入門（サイエンス社，2004 年）

よくわかる数値解析演習（近代科学社，2005 年）

スッキリわかる線形代数演習

——誤答例・評価基準つき——

2006 年11月 30 日　　　初　版　発　行

著　者　皆　本　晃　弥

発行者　千　葉　秀　一

発行所　株式会社近代科学社

〒 162-0843　東京都新宿区市谷田町 2-7-15

電話 03(3260)6161　　振替 00160-5-7625

http://www.kindaikagaku.co.jp

加藤文明社　　　　ISBN 4-7649-1047-0

定価はカバーに表示してあります.